AF343103

Recueil de Médecine vétérinaire

Signé Aug. Fournier

25163

CHRONIQUE AGRICOLE TRIMESTRIELLE.

Plan et but de ces chroniques agricoles — De l'*alcool de betterave*, procédé Champonois. — Du décret du 14 septembre 1853, concernant l'*entrée du bétail étranger* ; les anciens et les nouveaux tarifs ; ration normale de l'homme ; ration réelle par chaque habitant de la France ; mouvements de la production de 1789 à 1840 ; *id* de l'abattage ; des moyens de soutenir la concurrence étrangère ; nos ressources comparées avec celles de quelques États. — Du *drainage* au point de vue hygiénique. — De l'*inoculation de la péripneumonie* ; le rapport de la commission française ; le procédé de M. de Saive ; notes à ce sujet. — De la *castration des vaches* ; M. Charlier. — De l'appréciation des qualités du cheval par l'exploration du *pouls normal* ; M. Minot. — *Almanach rural du bon savoir* ; M. Jules Dusuzeau.

Ce n'est assurément pas dans ce *Recueil* qu'on doit songer à faire ressortir l'importance que peut avoir l'alliance de plus en plus intime de l'agriculture avec la science vétérinaire. Nous prêcherions des convertis. Il n'en serait pas de même si nous avions à parler directement à la culture. Bien qu'elle soit en définitive la partie qui se trouve la plus intéressée dans la question, elle n'est malheureusement pas aussi convaincue qu'on pourrait le désirer.

Dans cette situation, quel doit donc être le rôle du chroniqueur dont nous allons essayer de remplir les fonctions ? Il est tout tracé pour ceux qui sont un peu au courant de l'esprit des hommes et de l'état des choses dans le cercle que nous avons à embrasser.

En général, le cultivateur, avons-nous dit, n'est pas encore bien édifié sur l'étendue des services que peut, que doit lui rendre le vétérinaire. Pour lui, le *nec plus ultra*, c'est qu'on guérisse ses animaux quand ils sont malades, et c'est tellement sa pensée dominante, qu'il n'hésite même pas à s'adresser à d'autres quand il croit être plus certain d'arriver aussi sûrement et moins chèrement à ce résultat.

Si tous les exploitants du sol en étaient réduits à cet état d'imbécillité et de *crétinisme*, pourrait-on dire, il n'y aurait guère lieu à s'occuper d'eux et on devrait renoncer au métier. Mais, fort heureusement, il y en a quelques autres, la plus petite partie, c'est vrai, qui commencent déjà à être, ou qui sont même tout à fait assez éclairés pour comprendre que là ne se borne pas la mission d'un homme qui a passé plus de temps que lui pour apprendre un état qui doit lui être si utile dans l'application.

C'est pour ceux-là surtout que nous voulons écrire. Notre programme se trouve donc ainsi tout tracé : mettre en relief, dans ces revues trimestrielles, les faits principaux qui ont le plus de rapport avec la vétérinaire et avec l'agriculture.

Ce ne sera point un cours à l'usage des uns pour l'instruction et l'édifi tion des autres. Nous n'en avons ni la pensée ni le talent. Nous chercher uniquement à faire de notre mieux. Nous mettrons à contribution p cela, ensemble ou successivement, les notions spéciales que nous avons p sées à Alfort pendant près de quatre années d'études, et celles que nou fournies notre pratique agricole sur une assez grande échelle pour q jointes aux documents que nous donne chaque jour notre position actuel nous puissions tenir les lecteurs du *Recueil* au courant de ce qui n semblera devoir les intéresser. Ce ne seront pas des arguments que n chercherons à leur donner sur telle ou telle question, ils seront plus ap que nous à les tirer des faits que nous citerons. Nous nous bornerons si plement à leur fournir des renseignements, quelquefois des éléments discussion. Plus rarement nous nous permettrons de leur donner des co seils, mais, dans ce cas encore, ils auront à en tenir compte pour ce qu' voudront. D'ailleurs, dans l'un ou l'autre des cas, il est formellement co venu avec MM. les rédacteurs de ce *Recueil* et d'un consentement comm et unanime, que nous gardons la responsabilité de tout ce que nous écriron

Ceci posé, entrons immédiatement en matière.

On parle beaucoup depuis quelque temps d'un procédé qui consistera à extraire fructueusement de l'*alcool des betteraves* que le cultivateur ré colte ou qu'il peut acheter. Les gens intelligents ne devront pas manque de consulter leur vétérinaire, ne fût-ce que pour savoir si les résidus qu l'on obtient de cette fabrication ont quelques qualités pour la nourritur de leur bétail. Nous avons été visiter la première usine de ce genre qui ai existé en France. Elle est située dans la ferme de *La Planche*, près d Troyes. MM. Huot, qui l'ont montée d'après les indications et sous la direc tion de M. Champonois, le propagateur de la méthode, nous ont assuré que leurs animaux se trouvaient très-bien des pulpes qu'ils utilisaient de la manière suivante :

Paille et fourrages divers, hachés. . .	75 pour 100 en volume.
Résidus.	25 pour 100 —

Ce mélange, mis à fermenter pendant trois jours, est distribué en deux fois, matin et soir, à raison de 35 kilogrammes par jour, aussi bien pour les bêtes d'engrais (bœufs ou vaches) que pour les bêtes laitières ou les bœufs de travail.

Les animaux que nous avons vus n'étaient pas très-gras, pour la raison, nous a-t-on dit, qu'avant ce régime, qui ne datait que de deux mois, ils étaient en fort mauvais état. Le seul fait que nous ayons donc pu constater, c'est qu'ils avaient le poil excellent.

M. Payen, qui s'est beaucoup occupé de cette question, a trouvé que la pulpe ordinaire des fabriques de sucre représentant 1 1/2 pour 100 de matières nutritives, celle-ci en avait 6 en matières salines azotées et autres, c'est-à-dire qu'elle était quatre fois plus riche.

Quoi qu'il en soit de ces calculs, nous avons assisté à une distribution du mélange ci-dessus indiqué, et nous pourrons affirmer que les animaux s'en sont montrés très-friands.

Voilà, pour la partie capitale, la seule qui intéresse bien directement le vétérinaire. A titre de renseignement, voici quelques détails sur l'opération elle-même :

Des betteraves étant données, on épeluche comme d'usage la tête et la queue (on devrait même les laver) et on les jette dans un coupe-racine qui les divise en fragments dont la grosseur et la forme ont beaucoup d'analogie avec le ténia. La longueur varie suivant le sens dans lequel la betterave a été entamée.

Ces hachures ou copeaux sont mis dans des *cuviers* d'une capacité utile de 340 litres. Ces cuviers ont un double fond qui est troué et ils sont munis en outre d'un couvercle également troué. C'est entre ces deux disques de bois qu'on emprisonne la betterave.

Quand on opère pour la première fois, on fait arriver sur la masse de l'eau ordinaire qui doit contenir un demi-millième d'acide sulfurique, soit 1 litre pour 20 litres d'eau ; cette addition a pour but de rendre le sucre incristallisable. Quand l'opération a déjà marché quelques jours, on se sert des *vinasses* de l'opération précédente, mais toujours concurremment avec l'eau acidulée.

Tous les cuviers, au nombre de six, sont disposés en *vases communiquants,* et ce n'est uniquement que la différence de densité entre les vinasses ou les eaux pures qui fait, qu'après une passée successive dans trois cuviers pleins de betteraves, on a un jus qu'on dirige dans des cuves à fermentation. Quand le cuvier initial a été soumis trois fois à cette espèce de lessivage qui chasse toute la partie sucrée de la betterave, il est vidé et la pulpe sert comme nous l'avons dit.

Le jus est laissé ensuite en fermentation pendant trois jours. Il passe alors à l'état de *vin de betterave.* Pour la première fois, on se sert d'un ferment quelconque. Quand on est en marche, ce sont les jus précédemment fermentés qui, mélangés avec les jus nouveaux, déterminent très-facilement le phénomène. Une pompe porte alors ce vrai vin de betterave au sommet d'un appareil distillatoire ordinaire, et bientôt après on le recueille en deux parties. L'une, la *vinasse,* sert comme nous l'avons dit. L'autre, l'*alcool,* est mis en fût. Il a alors 45 à 50° et demande à être rectifié pour qu'il puisse facilement s'écouler dans le commerce.

Par ce procédé, *on dit* qu'on obtient avec 2,250 kilogrammes de betteraves qui se traitent en un jour, 180 litres d'alcool présentant un bénéfice de 135 fr. (Cours de mars.)

Il ressort de notre sujet de ne nous étendre davantage sur cette question. Nous dirons seulement que nous contestons une grande partie des avantages qui ont été annoncés. Nous nous appuyons sur les faits suivants :

1° Il ne nous a pas été prouvé qu'on n'employait que 2,250 kilogrammes de betteraves. D'après nos calculs faits sur place, il en faut près de 3,000 pour obtenir les résultats précités.

2° Les frais de main-d'œuvre sont plus grands qu'on ne l'a dit. Il faut trois femmes et six hommes dont un, distillateur expert, coûte 5 fr. par jour (3 fr. 25 c., plus la nourriture et le logement). On avait prétendu que les frais ne s'élevaient qu'à 8 fr. par hectolitre d'alcool recueilli. Ils sont réellement de 20 à 24 fr.

3° L'établissement du système ne revient pas seulement à 5,000, comme on l'a avancé, mais bien à 10 ou 12,000 fr., et peut-être 15,000.

4° Enfin, l'écoulement des produits bruts n'est pas aussi facile qu'on le pensait. A l'époque de notre visite, M. Huot avait 100 hectolitres d'alcool en magasin, dont il ne pouvait se débarrasser avantageusement.

Puisque nous avons commencé à parler du *bétail,* restons encore un peu sur cette importante question pour examiner la portée de *décret du* 14 *septembre* dernier, qui a été l'objet d'un si grand effroi de la part de certains producteurs.

N'en déplaise à ces messieurs, la mesure est bonne : elle a déjà porté ses fruits, et avant peu l'expérience aura démontré qu'elle peut encore s'étendre plus loin, sans atteindre, comme on l'avait craint, une de nos richesses agricoles très-respectable et très-intéressante assurément, mais non pas insusceptible d'amélioration et de perfectionnement

Voyons d'abord les dispositions de ce décret en mettant en regard les modifications qu'il apporte aux anciennes lois qu'il remplace.

Voici les chiffres comparatifs, moins le fameux *décime* de guerre. On remarquera que les nouveaux droits ne sont même pas égaux au décime qui ressortait des anciens prix. Quelques publicistes ont fait cette observation en en déplorant les conséquences; nous nous en félicitons au contraire; nous allons donner nos raisons tout à l'heure.

	Tarif nouveau.	Tarif ancien.	Diminution.
Bœufs.	3 fr.	50 fr.	47 fr.
Taureaux.	3	15	12
Bouvillons	1	15	14
Vaches.	1	25	24
Genisses	1	12 50	11 50
Veaux.	» 25	3	2 75
Porcs.	» 25	12	11 75
Chèvres.	» 25	1 50	1 25
Brebis et moutons.	» 25	5	4 75

Nous ne voulons pas faire ici le procès à la législation des douanes, puisque nous n'avons à établir qu'une chose : c'est la bonté et l'opportunité de ce décret. Rappelons cependant, en quelques lignes, l'histoire de cette question spéciale.

L'ancien régime s'était le plus souvent abstenu de frapper les denrées de première nécessité. La Constituante fit plus et mieux ; elle les mit à néant en 1791. Ce ne fut qu'en 1816, après la République et l'Empire, qu'on établit un droit de 3 fr. 50 c., qui servit de pont à ceux qui furent créés depuis. En 1822, on proposa de décupler ces droits ; la chambre alla plus loin, elle les porta à 55 fr.

Ils furent maintenus à ce chiffre jusqu'en 1853 ; pourquoi ? Était-ce parce que nous produisons assez pour nous suffire à nous-mêmes ? Avant de répondre non, voyons quelle devrait être la ration quotidienne normale de l'homme adulte, nous verrons ensuite ce qui lui revient réellement.

Voici, d'après le dernier ouvrage de M. Payen (1854), ce que devrait être cette ration composée d'aussi peu d'éléments et aussi rigoureusement que possible :

			En substance azotée.	En carbone.
Pain. . . .	1000 gr.,	représentant	70	300
Viande. . .	286	—	60,26	31,46
	1286		130,26	331,46

Nous trouvons plus loin, en continuant à ne nous occuper que de la viande, que :

Dans la ration journalière des marins français il entre.	300 gr. de viande.
Dans celle d'un ouvrier des fermes de Vaucluse (lard)	52
— — — du canton de Vaud.	156
— — — laboureur du Nord (lard et bœuf).	82
— — — — de la Corrèze (lard et bœuf).	60
— — — anglais ayant travaille au chemin de fer de Rouen.	660
Dans celle des habitants de Paris.	191,640

Si maintenant nous mettons en regard le résultat que présente la statistique officielle de 1840, nous voyons que la ration moyenne, en viande, d'un habitant de la France est ainsi composée :

Viande fournie par la race bovine . . .	8 kil.	714 gr.
— — — ovine	2	322
— — — porcine . . .	8	526
Total par an. . . .	19 kil.	562 gr.

soit par jour 53 gr. 5 !...

Voilà la part qui *pourrait* revenir à chaque habitant sur une consommation totale qui, à la même époque, se répartissait ainsi :

Viande fournie par la race bovine. . . .	298,888,295 kilogr.
— — — ovine.	79,673,321
— — — porcine . . .	290,446,471
Formant un total de. . . .	669,008,087 kilogr.

Après avoir vu ce qu'il faudrait et ce qu'on a, ou mieux ce qu'on pourrait avoir, car il y a bien des gens qui ne consomment pas cette faible quantité de viande par jour, nous ne devons pas hésiter, et personne n'hésitera à dire que notre production intérieure ne suffit pas à nos besoins. Pourquoi donc alors ne pas aller chercher ce qui nous manque chez nos voisins, en attendant que nous soyons en mesure, si nous nous y mettons jamais? Et ici encore, c'est l'exemple du passé qui nous jette dans le doute.

En effet, si nous recherchons quelle a été la marche de la production dans une grande période de temps, de 1789 à 1840, nous constaterons une fois de plus le peu d'influence des régimes sur la routine des éleveurs, et c'est là le point principal à étudier et à attaquer, comme nous le démontrerons ailleurs. Si donc on recherche quel a été l'état de la question ramenée a la dernière époque citée, on trouve les résultats suivants :

	Nombre de bêtes par 100 habitants.		Différence	
	En 1789.	En 1840.	en plus.	en moins.
Bêtes à cornes.	28	29	1	»
Bêtes à laine.	80	97	17	»
Porcs	16	14	»	2

Prenant la question sous une autre face, si nous voulons voir quelle a été la proportion des animaux abattus par rapport au nombre de ceux qui existaient, nous trouvons pour 100 :

	Animaux abattus par 100 habitants.		Différence	
	En 1812.	En 1840 (1).	en plus	en moins.
Bœufs	22	24	2 ½	»
Vaches.	12 ½	13	½	»
Moutons et brebis	27	26	»	1
Porcs.	73	80	7	»

Sont-ce là des proportions satisfaisantes? Evidemment non. Voyons d'ailleurs ce qu'ont fait les lois de 1822. Elles ont réduit très-momentanément les importations qui, dès 1825, s'élevaient déjà à 55,000 têtes de gros bétail. C'est alors qu'intervint le droit de 55 fr. de 1826, et cependant, deux ans après, il entrait 70,000 têtes, les veaux y étant compris pour 54,000. Mais à force de les repousser, le Luxembourg, la Hollande, la Belgique, le Wurtemberg, la Bavière, la Prusse rhénane, la Suisse, le Piémont, cessèrent peu à peu leurs envois et, malgré le prix élevé des viandes chez nous, on est arrivé à 16,000 têtes en 1850 ; c'est-à-dire à une concurrence à peu près nulle.

(1) Pour toute la France, l'abattage a été de :

Bœufs	493,000
Vaches	719,600
Veaux	2,487,000
Moutons	4,770,000
Agneaux	1,035,000

Y avait-il lieu de s'en réjouir ? Les événements ont prouvé le contraire, et si on avait voulu écouter plus tôt les hommes spéciaux qui se sont occupés de la question, on aurait vu que nous n'avions pas tant à redouter nos voisins qu'on le disait. D'après des documents fournis par un homme dont on ne réfutera pas la compétence, M. Moll, professeur d'agriculture au Conservatoire des arts et métiers, il est établi que les prix moyens de la France sont à peine supérieurs d'un *sixième* à ceux de nos voisins. Partant, les frais de transport comblent presque la différence.

Qu'on regarde au surplus ce qui s'est passé depuis l'année dernière et qui se peut voir encore aujourd'hui Depuis le décret de septembre 1853, est-ce que le prix de la viande a diminué ? Au contraire, il n'a fait qu'augmenter, et nous le regrettons.

N'est-il pas temps en effet que la concurrence, si faible qu'elle soit, nous fasse sortir un peu de la léthargie dans laquelle nous sommes, au détriment de tous les consommateurs ? Rien n'est plus louable, ce nous semble, que ce désir. Et si on veut bien réfléchir aux effets qui ont déjà été produits par cet excellent stimulant sur une foule d'industries, on trouvera très-légitime que nous demandions à en profiter à notre tour.

Si l'art du perfectionnement et de l'amélioration des races avait dit son dernier mot ; si les préceptes de l'hygiène et de l'alimentation bien entendus avaient porté dans toutes les fermes les germes de richesse qu'ils recèlent ; si nous n'avions plus rien à demander enfin ni à notre sol ni à un sang meilleur, ni à des croisements bien dirigés ; nous comprendrions qu'on voulût clore le chapitre de nos ressources à cet endroit, sauf à voir où et comment nous comblerions le déficit que nous avons bien évidemment démontré. Mais, de bonne foi, sommes-nous arrivés à ce point idéal du progrès ? Hélas non, car c'est à peine si nous commençons à en comprendre l'importance et les résultats possibles.

Qu'on se mette donc à l'œuvre, et c'est ici que nous rentrons complétement dans notre sujet. Ce qu'on ne devait pas attendre d'un système dont l'expérience est close, nous l'espérons, qu'on le réclame à un autre ordre d'idées bien autrement meilleur que celui des barrières Au lieu de la fausse et funeste quiétude dans laquelle on s'endormait, qu'on ait recours à l'art qui peut guider, avec toute chance de succès, dans la voie du progrès dans laquelle il faut désormais entrer.

C'est ici que le rôle du vétérinaire grandit et qu'il approche réellement du degré d'importance qu'il doit acquérir plus tard. Enseigner les bonnes méthodes, propager les préceptes vrais, multiplier les exemples avec lesquels on frappe les masses, voilà une belle mission à remplir. Mieux que tout autre, les vétérinaires sont placés pour guider les cultivateurs qui auront le bon sens de les consulter; ils sont d'ailleurs les premiers intéressés dans la question.

Nous avons vu combien est minime la part de viande qui revient à chaque habitant, combien elle est inférieure à ce qu'elle devrait être pour se rapprocher, si non pour atteindre de bientôt de la quantité normale qu'il nous faudrait. Il y a de grandes distances à remplir, c'est vrai, de profondes lacunes à combler, mais avec de la persévérance et du savoir on peut y arriver. Si on veut d'ailleurs en mesurer l'étendue, en comparant notre situation avec celle de quelques autres nations, voici des chiffres qui en fourniront le moyen.

En 1847, l'Amérique avait . . 882 têtes de gros bétail par 1000 habitants;
— la France 300
— la Bavière. 550
— le Wurtemberg. . . 490

Aujourd'hui les Américains en ont 1000.

Pour les porcs, la différence était encore bien plus grande. Dans ces mêmes conditions, tandis que les Américains en avaient . . . 1550,
nous en comptions à peine. . . . . 150.

En voici, nous pensons, bien assez, peut-être trop, sur ce sujet, dont l'importance seule peut justifier l'insistance que nous avons mise en en parlant. Mais, dans un autre ordre de considérations, les questions intéressantes ne manquent pas. Choisissons en donc quelques-unes, et en première ligne nous placerons le *drainage*.

Il est reconnu aujourd'hui que ce n'est pas seulement par une augmentation et une amélioration des produits du sol que cette opération se recommande; elle porte encore avec elle des avantages qui touchent de très-près et plus directement encore l'hygiène vétérinaire.

En rendant meilleures les récoltes de toute nature, et notamment les fourrages, le drainage méritait déjà assez de fixer l'attention des hommes intelligents; mais actuellement, des faits bien observés sont venus démontrer qu'il contribuait encore, non-seulement à diminuer les chances de certaines maladies, mais même à les faire cesser complètement. C'est ainsi que le sang de rate et notamment la cachexie aqueuse ont déjà disparu de certains établissements où ils causaient précédemment des pertes considérables.

Nous avions été frappé des résultats, fabuleux à première vue, qu'il nous a été donné de constater, à ce point de vue, en Angleterre et en Ecosse. Actuellement, l'expérience est faite en France et ne laisse plus aucun doute sur son efficacité. Les observations ne sont pas encore bien nombreuses, c'est vrai; mais en somme, quand elles se rapportent ainsi avec celles qui sont faites depuis longtemps déjà chez une nation tout entière, il y aurait plus que de la témérité à révoquer en doute les résultats qu'elles fournissent.

On ne peut donc, à notre avis, rendre un plus grand service à un cultivateur qu'en lui conseillant de faire drainer ses terres partout où l'opération sera indiquée. On trouve à ce sujet tous les renseignements possibles dans l'ouvrage que vient de publier M. Barral après l'avoir donné à peu près *in extenso* dans le *Journal d'agriculture pratique*. Nous jugeons donc inutile de nous étendre davantage ici sur ce sujet. Il en est un autre, non moins important dans son genre, dont nous ne devons parler qu'avec prudence : c'est celui de l'*inoculation de la péripneumonie*. Nous disons avec prudence, nous devrions ajouter avec réserve, car cette *Revue* ne paraîtra qu'après la publication qui doit être faite dans ce *Recueil*, de tout ou partie du rapport de la commission instituée par le gouvernement dans le but spécial d'étudier les effets du procédé.

Quoi qu'il en soit, les renseignements suivants, qui nous sont presque personnels, pourront peut-être bien trouver encore leur place à côté du travail que nous venons de citer, bien qu'il ait été longuement, trop longuement peut-être, élaboré. Ce n'est qu'après sa lecture, quand il sera complet, qu'on en jugera.

A propos de l'inoculation, voici donc ce que nous savons : c'est que nous avons vu chez M. Decrombecque, à Lens (Pas-de-Calais) des étables précédemment décimées par la maladie et qui, depuis, ont été à peu près préservées, au dire du propriétaire. Depuis, encore, il nous a été donné de suivre d'autres expériences qui se poursuivent en ce moment à la ferme de la compagnie agricole et sucrière de Bresles (Oise). Sur vingt-et-un sujets qui ont été inoculés en notre présence ou devant des délégués de la Société d'encouragement, on n'a eu à regretter qu'un accident grave, et une chute incomplète de la queue qui n'a été coupée de 30 centimètres que chez un seul individu.

Le procédé qui a été suivi est celui de M. le docteur de Saive, qui prétend mieux réussir que M. Willems. Quand nous aurons pu vérifier complétement cette assertion, nous nous empresserons d'en rendre compte.

Quant à présent, qu'il nous soit permis de faire une seule observation. Sans même chercher à juger la question, nous dirons cependant que le choix du liquide fait par M. de Saive nous paraît préférable au mode conseillé par M. Willems. Nous avons de fortes raisons de croire que ce liquide est pris avec soin dans les bronches, et cette méthode nous semble préférable à celle qui consiste à exprimer un fragment de poumon malade comme on le ferait d'une éponge, pour en faire sortir un liquide qui, en effet, doit contenir des éléments étrangers pouvant devenir annihilateurs ou nuisibles.

Nous donnons cette partie du secret de M. de Saive sous toutes réserves, puisqu'il entend le garder pour lui quant à présent ; mais comme il ne nous en a pas fait la confidence, nous n'avons aucune raison de taire notre opinion qui, nous le répétons, est basée sur des observations et des remarques qui ne nous font pas hésiter à déclarer que nous la croyons entièrement fondée.

Nous attacherons beaucoup d'importance aux résultats qui seront constatés à Bresles, parce qu'il n'y aura aucun argument admissible à leur opposer de la part de M. de Saive, qui a opéré lui-même ou qui a laissé ce soin à des personnes qui ont sa confiance. Si donc il réussit, la Société d'encouragement sera en mesure, quand elle aura complété l'expérience sous toutes ses faces, de lui accorder une récompense, si, comme nous n'en doutons pas, elle trouve que la question en vaut la peine. S'il échoue, il n'aura à s'en prendre à personne, puisqu'on lui a laissé toute liberté et qu'on a fait tout ce qu'il a désiré. La commission de la Société a prié M. Dubos, vétérinaire à Beauvais, de suivre avec soin les sujets inoculés. Le directeur de la Compagnie, M. Hette, a chargé quelqu'un de visiter chaque jour les étables. On voit donc que toutes les mesures sont prises de telle façon que l'opinion publique ne pourra manquer d'être éclairée, car les résultats qui seront obtenus seront livrés à la publicité. Dans notre prochaine *Revue*, il nous sera peut-être possible d'en parler avec plus de détails (1).

---

(1) Depuis que nous avons écrit ces lignes, auxquelles nous tenons à ne rien changer, deux faits importants se sont passés au sujet de cette grave question :

1° Le premier compte rendu des travaux de la commission française vient de paraître dans le *Recueil* de mars.

2° Nous avons reçu en même temps le relevé des registres qui sont tenus avec un très-grand soin à Bresles.

Quant au premier document, nous voulons seulement signaler la faveur qu'on semble ne pas dénier au mucus bronchique comme matière plus propre que les autres à l'inoculation. Cette observation confirmerait assez l'opinion que nous avons émise au sujet du procédé de M. de Saive. Nous sommes d'autant plus disposé à lui faire cette concession, si toutefois il y a droit, que nous aurons d'assez graves reproches à lui adresser d'ailleurs.

M. de Saive s'est fait recommander près de nous et s'y est présenté ensuite comme étant victime de cabales qui lui ôtaient les moyens de prouver la supériorité de sa méthode. Nous n'avions pas à examiner le bien-fondé de ses plaintes ; nous l'avons engagé à s'adresser à la Société d'encouragement, qui l'accueillit. Nous fumes chargé de trouver des sujets d'expérimentation ; M. Hette, directeur de la Compagie agricole et sucrière de Bresles, nous les offrit, et on se mit à l'œuvre.

Tout alla bien pour commencer ; M. de Saive s'était adjoint deux vétérinaires qui allèrent plusieurs fois sur les lieux. Jamais donc occasion n'avait été plus belle pour un homme qui se disait persécuté. Nous avions fait notre devoir en lui procurant les facilités que nous venons d'indiquer ; ce même sentiment nous oblige à dire comment il en a usé.

Après avoir pratiqué l'inoculation et suivi ou fait suivre avec assez de soins les premiers sujets, ces messieurs ont mis une extrême négligence ensuite. Il en est résulté la perte d'un taureau qu'ils n'ont pas même pris la peine de venir visiter, malgré les avis réitérés qui leur ont été donnés dès le début de la maladie.

Pour les raisons qui précèdent, il nous appartient donc de blâmer sévèrement ces

Nous avions espéré un instant pouvoir donner aussi quelques renseignements sur une opération qui a bien quelque importance; nous voulons parler du procédé de *castration des vaches* d'après la nouvelle méthode de M. Charlier, vétérinaire à Reims. Mais l'auteur nous a fait défaut aussi. Nous nous étions rendu à Bresles avec la commission de la Société d'encouragement; M. Hette avait l'obligeance de mettre à notre disposition tous les sujets dont on pouvait avoir besoin; mais le jour du rendez-vous, alors que nous étions tous sur les lieux, M. Charlier nous a écrit, à la date du 3 février, qu'il craignait les gelées et qu'il désirait remettre ses expériences à plus tard.

Nous avons d'autant plus regretté cette circonstance que les raisons données n'étaient pas bonnes, à notre avis. Il s'agissait, en effet, d'opérer sur des vaches qui ne sortent jamais, dont on a d'ailleurs le plus grand soin, et qui, par conséquent, n'auraient rien eu à craindre des gelées possibles à l'époque où nous étions alors.

Quoi qu'il en soit, nous suivrons toujours avec attention et intérêt les expériences que M. Charlier voudra bien faire, s'il n'en est pas encore empêché plus tard par d'autres raisons. Nous l'avons déjà vu opérer à l'abattoir Montmartre, et sa méthode intérieure, que tout le monde connait, nous avait paru bien supérieure à l'ancienne, qui d'ailleurs avait été depuis long-

---

messieurs. Quand on n'a pas assez de persévérance, on pourrait dire plus, pour suivre des expériences, on ne les demande pas. Nous bornons ici ces récriminations personnelles; passons aux résultats économiques de ce qu'il a été possible de constater.

Presque tous les sujets inoculés n'ont été que peu ou pas malades; cependant il y a eu chez tous un temps d'arrêt quant à leur engraissement. Par suite, il y a eu une perte matérielle très-sensible au point de vue de la spéculation pure. On devait suivre les expériences en transportant une partie des sujets dans des lieux infectés, nous ne savons pas encore ce que la Société et la Compagnie décideront. Quoi qu'il en soit, ceci prouve la grande difficulté qu'on rencontre quand on veut faire des expériences sérieuses et consciencieuses. C'est là le cas d'insister sur l'utilité réelle qu'il y aurait à continuer ce que le gouvernement avait entrepris. Nous le désirons donc vivement, sans oser l'espérer beaucoup, quant à présent, à cause des événements. Mais il n'est pas possible de douter qu'on ne reprenne ces expériences dans un temps plus ou moins éloigné; la fortune publique y est trop intéressée pour qu'on hésite longtemps. Dans le cas de continuation et de remaniement de la commission, puisqu'il y a eu bon nombre de membres qui n'ont pas pu en suivre les travaux, nous croyons ne pas trop nous hasarder en disant que, si on veut qu'elle produise promptement un résultat quelconque, il faudrait songer à diminuer singulièrement le nombre des composants. Il est prouvé aujourd'hui, que rien n'est funeste à une commission comme les inutiles ou les empêchés, et il y en a toujours de l'un et de l'autre. Si donc on veut sérieusement arriver à une conclusion, la pratique a démontré qu'il faut être très-sobre de nominations et ne choisir que des hommes compétents qui consentent formellement à travailler avec suite. Ce n'est point une opinion personnelle que nous émettons ici; c'est le simple exposé d'un fait que toujours la pratique a confirmé.

temps abandonnée par les Américains qui, les premiers, s'en occupèrent avec entraînement. Si M. Charlier eût été au courant de ce qui s'était passé, même de l'autre côté du détroit, à ce sujet, il se fût évité l'école qu'il a faite et qui a laissé quelques préjugés, bien mal fondés sans doute, sur l'opération elle-même. Enfin, nous attendrons pour juger; c'est là la raison pour laquelle nous ne parlerons pas encore d'un volumineux travail que M. Charlier nous a remis sur la question que, en sa qualité de fervent, il considère comme résolue; c'est ce qui lui permet d'annoncer qu'avec sa méthode on pourrait réaliser un économic-bénéfice annuel qu'il ne porte pas à moins de 208 millions. C'est là certainement un chiffre assez beau pour qu'on s'en occupe. Nous le ferons avec plaisir quand l'occasion nous en sera fournie.

Voilà, certes, déjà bien des sujets, intéressant directement la culture, qu'il est donné à la médecine vétérinaire de suivre et de diriger dans l'application. Dans un ordre d'idées moins important sans doute, mais non pas dépourvu d'une certaine valeur spéciale, on suit en ce moment, dans l'arrondissement de Meaux surtout, l'appréciation d'une méthode qui est donnée comme devant guider les personnes qui ont besoin d'acheter des chevaux. C'est à M. Minot, vétérinaire à Lizy-sur-Ourcq, qu'on doit le procédé dont voici le résumé : Un cheval étant donné, reconnaître quelles sont ses aptitudes, son caractère et sa valeur en un mot, à l'aide principalement de l'*exploration du pouls normal*. A cet effet, M. Minot a adopté les trois grandes classes de pouls : le sanguin, le lymphatique et le nerveux, et il les subdivise ensuite de telle façon qu'il compte dix-huit pouls différents, auxquels correspondent des qualités particulières.

Il est clair que M. Minot n'exclut pas les anciens procédés employés jusqu'à ce jour, il s'en fait même un auxiliaire ; mais, en somme, il se base principalement sur le pouls, et nous devons dire qu'il a souvent réussi à justifier son opinion en présence d'un public nombreux et compétent.

Nous avons assisté à des expériences qui ont été faites à la suite d'une séance de la Société d'agriculture de Meaux. Plusieurs officiers de la garnison avaient fait amener des chevaux que M. Minot a examinés successivement, et le plus souvent ses déclarations ont concordé avec celles des personnes qui connaissaient les animaux.

M. Minot a publié, depuis, un volume de 260 pages qu'on trouve à Paris à la librairie de Leneveu. Si nous avons un reproche à faire à cet ouvrage, c'est de ne pas être assez concis et de ne pas toujours être à la portée des gens de la campagne, auxquels il devrait s'adresser principalement. Il n'est pas toujours utile, à propos d'une méthode, de faire de la science ni de l'érudition. Quoi qu'il en soit, si l'expérience venait confirmer la valeur que M. Minot donne à chacune des trop nombreuses subdivisions qu'il a faites, on pourrait en tirer un excellent parti, ne fût-ce qu'en les simplifiant, chacun pour son usage personnel.

Quand Guénon a publié sa *Méthode* dont on s'est tant occupé, il a eu aussi le tort de vouloir faire un volume pour créer une vraie science à part, et tout le monde lui a reproché d'avoir voulu aller trop loin. Néanmoins, les points principaux resteront et seront désormais d'un grand secours aux praticiens. Nous désirons fort qu'il en soit ainsi de la méthode de M. Minot, sur laquelle nous reviendrons quand nous aurons un plus grand nombre de faits par devers nous qu'il sera permis de citer à l'appui de l'opinion que nous aurons à émettre (1).

Depuis que nous avons reçu le livre de M. Minot, nous avons eu à en examiner un autre que nous ne pouvons nous dispenser de recommander chaleureusement aussi, tellement nous le trouvons dans de bonnes conditions au point de vue, tant à désirer, de l'alliance des choses agricoles avec les choses vétérinaires. Nous voulons parler du petit *Almanach rural du bon savoir,* que vient de publier, pour la première fois, M. Jules Dusuzeau, professeur à la ferme-école de Mesnil-Saint-Firmin. Dans ce livre, qui ne coûte que 50 centimes, il y a d'excellentes indications qui intéressent même les gens les plus instruits. Nous citerons notamment les chapitres suivants :

Le mémorial méthodique et très-détaillé de tous les travaux d'une ferme avec des renseignements météorologiques mensuels.

Les équivalents des principales substances alimentaires et ceux des engrais.

Le tableau des racines alimentaires ; des modèles de ration, de la consommation et de la valeur d'un bœuf de six mois à trois ans ; une horloge de flore et un grand nombre de renseignements aussi utiles qu'ils sont simplement exposés. C'est précisément parce que nous avons trouvé à cet ouvrage un véritable cachet pratique que nous n'avons pas hésité à le signaler déjà dans plusieurs journaux.

Ce ne sont pas les publications de ce genre qui sont à craindre dans les campagnes, elles rendent service sans nuire aux intérêts de qui que ce soit. Ce qui fait du tort aux hommes de science, ce sont les faux savants qui donnent des recettes qui ne valent pas mieux que leurs conseils. Le paysan, qui est méfiant de son naturel, une fois qu'il a été trompé, se met en garde contre tout ce qui ressemble au trompeur. Il faut donc, par tous les moyens possibles, chercher à rappeler cette confiance qui profitera à tous. A cet égard, les chemins de fer et les télégraphes électriques ont déjà fait une

(1) Les lecteurs du *Recueil* seront, d'ailleurs, bientôt renseignés plus directement sur ce sujet ; car la Société impériale et centrale de médecine vétérinaire a nommé une commission qui ne tardera pas, sans doute, à faire son rapport.

véritable et heureuse révolution qui portera ses fruits. La propagation des bons livres fera le reste, et alors les gens de la campagne ne préféreront plus un mauvais routinier, le plus souvent plus qu'illettré, à l'homme qui se présentera à eux avec des garanties de savoir dont il ne s'agit plus que de leur donner les moyens d'apprécier et de comprendre la valeur.

Si, pour notre part, nous pouvons contribuer à faire faire quelques pas à cette véritable question vitale du progrès à l'ordre du jour, nous nous en estimerons très-heureux. Ce n'est pas la conviction qui nous manquera, c'est la force ; mais, en joignant nos modestes efforts à ceux des rédacteurs de ce *Recueil* qui ont bien voulu compter sur notre concours, nous essayerons au moins de payer notre dette à la cause commune qui se résume pour nous dans cette devise : « Alliance de la médecine vétérinaire avec l'agriculture pratique. »

AUGUSTE JOURDIER.

(*Extrait du* RECUEIL DE MÉDECINE VÉTÉRINAIRE.)

Paris. — Typographie de E. et V. PENAUD frères, 10, rue du Faubourg-Montmartre.

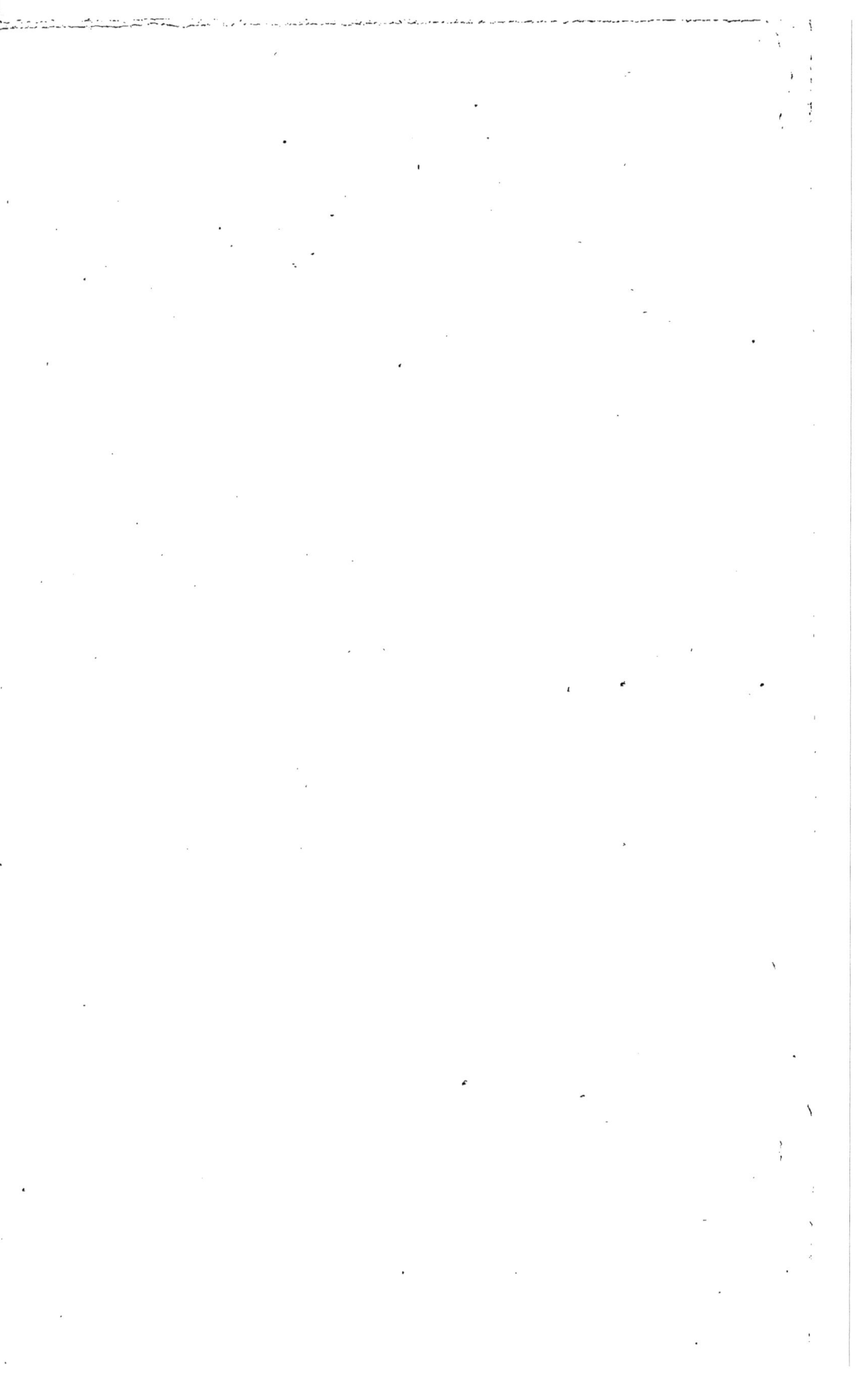

CHRONIQUE AGRICOLE TRIMESTRIELLE.

Par M. AUGUSTE JOURDIER.

(Extrait du *Recueil de médecine vétérinaire,* n° de juillet 1854.)

BIBLIOTHÈQUE IMPÉRIALE

Du DRAINAGE : promulgation d'une LOI spéciale ; nouvelle machine de 250 fr. pour fabriquer les *tuyaux* ; manuel de M. BARRAL, directeur du *Journal d'Agriculture Pratique* ; influence du drainage sur les maladies des animaux et sur les récoltes.

Du CONCOURS GÉNÉRAL et central du *Champ-de-Mars* : exclusion des *chevaux* ; statistique de l'exposition ; *Locomobiles* avec cheminée préservatrice de l'incendie ; appareil pour faire cuire les légumes à la vapeur ; boîtes de roues se graissant à l'huile ; *boucle à ardillon à retrait*, hache-pailles, coupe-racines, concasseurs, etc. ; leur emploi dans l'*armée* ; *Animaux de Basse-Cour* ; principaux caractères de la race COCHINCHINOISE, qualités et défauts.

PISCICULTURE, Huningue, le Collége de France, le *bois de Boulogne*.

Préjugés sur la *Saint-Médard* et la *Saint-Gervais*. — Armature pour les *taureaux* dangereux. — Prix élevés de la viande de *boucherie* sur les marchés de Sceaux et de Poissy. — Rôle et avenir des vétérinaires au point de vue agricole.

Il ne nous sera pas souvent donné de pouvoir placer en tête de cette revue un fait aussi considérable que celui dont nous avons à parler aujourd'hui.

La *loi sur le* LIBRE *écoulement des eaux provenant du* DRAINAGE vient, en effet, d'être promulguée, et c'est là un véritable événement.

Bien que chacun puisse en retrouver le texte dans le *Bulletin des lois* et dans le *Moniteur universel* du 4 juillet 1854, nous tenons cependant à le reproduire ici :

« ART. 1er. Tout propriétaire qui veut assainir son fonds par le drainage ou un autre mode d'asséchement, peut, moyennant une juste et préalable indemnité, en conduire les eaux, souterrainement ou à ciel ouvert, à travers les propriétés qui séparent ce fonds d'un cours d'eau ou de toute autre voie d'écoulement.

« Sont exceptés de cette servitude les maisons, cours, jardins, parcs et enclos attenant aux habitations.

« ART. 2. Les propriétaires de fonds voisins ou traversés ont la faculté de se servir des travaux faits en vertu de l'article précédent pour l'écoulement des eaux de leurs fonds.

« Ils supportent dans ce cas :

« 1° Une part proportionnelle dans la valeur des travaux dont ils profitent ;

« 2° Les dépenses résultant des modifications que l'exercice de cette faculté peut rendre nécessaires ;

« 3° Et pour l'avenir, une part contributive dans l'entretien des travaux devenus communs.

« Art. 3. Les associations de propriétaires qui veulent, au moyen de travaux d'ensemble, assainir leurs héritages par le drainage ou tout autre mode d'assèchement jouissent des droits et supportent les obligations qui résultent des articles précédents.

« Ces associations peuvent, sur leur demande, être constituées, par arrêtés préfectoraux, en syndicats auxquels sont applicables les articles 3 et 4 de la loi du 14 floréal an xi.

« Art. 4. Les travaux que voudraient exécuter les associations syndicales, les communes ou les départements, pour faciliter le drainage ou tout autre mode d'assèchement, peuvent être déclarés d'utilité publique par décret rendu en conseil d'Etat.

« Le règlement des indemnités dues pour expropriation est fait conformément aux paragraphes 2 et suivants de l'article 16 de la loi du 21 mai 1836.

« Art. 5. Les contestations auxquelles peuvent donner lieu l'établissement et la servitude, la fixation du parcours des eaux, l'exécution des travaux de drainage ou d'assèchement, les indemnités et les frais d'entretien, sont portées en premier ressort devant le juge de paix du canton, qui, en prononçant, doit concilier les intérêts de l'opération avec le respect dû à la propriété.

« S'il y a lieu à expertise, il pourra n'être nommé qu'un seul expert.

« Art. 6. La destruction totale ou partielle des conduits d'eau ou fossés évacuateurs est punie des peines portées à l'article 456 (1) du Code pénal.

« Tout obstacle apporté volontairement au libre écoulement des eaux est puni des peines portées par l'article 457 (2) du même Code. L'article 463 du Code pénal peut être appliqué.

« Art. 7. Il n'est aucunement dérogé aux lois qui règlent la police des eaux. »

Le drainage, pas plus que tout ce qui se rattache aux questions agricoles, ne peut être indifférent aux vétérinaires, qui sont au contraire intéressés directement à tous nos progrès. Ils doivent donc, non-seulement étudier ces progrès avec nous, mais encore faire tous leurs efforts pour les amener à bonne fin.

Maintenant que nous avons une législation qui facilite le drainage, il faut songer à en profiter. La première chose qu'il y ait à faire, c'est de s'occuper de la fabrication des tuyaux. Jusqu'à présent, il y a eu là un point d'arrêt matériel qui tenait à plusieurs causes telles que, dès cette année, les fabriques ont été épuisées. Dans les environs de Paris et même dans les dé-

(1) *Emprisonnement* de un mois à un an et amende égale au quart des restitutions et des dommages et intérêts, qui, dans aucun cas, ne pourra être au-dessous de 50 fr.

(2) Même peine pour l'amende, et, s'il y a dégradations, il pourra y avoir, de plus, *Emprisonnement* de six jours à un mois.

partements circonvoisins, on n'aurait pas trouvé à la fin de la campagne de quoi drainer un hectare. Nous en avons été témoin pour les travaux qui se sont exécutés au *Camp de Satory;* ce n'est qu'à grand'peine, après avoir mis à contribution trois fabriques différentes, qu'on a pu parvenir à faire, et très-mal, une très-petite partie des travaux étudiés.

Nous n'examinerons pas quelles sont toutes les causes de cette pénurie, nous ne nous occuperons que d'une seule, qui, à notre avis, marche en première ligne; c'est celle du haut prix des machines.

Jusqu'à présent, en effet, il fallait mettre de 5 à 900 fr. et plus, pour avoir tout ce qu'il faut pour fabriquer des tuyaux; et encore, nos constructeurs sont généralement si mauvais, qu'après avoir payé très-cher de simples *copies* de machines anglaises, on était rebuté dès le commencement par les avaries qui survenaient presque régulièrement.

Nous sommes donc très-heureux de pouvoir annoncer que cette première difficulté est à peu près levée. Grâce aux efforts d'un modeste mécanicien de Soissons, on peut actuellement avoir une machine, toute d'invention et de construction française, pour le prix très-abordable de 250 fr., *Accessoires compris,* et nous insistons sur le mot, car souvent on achète une machine 500 fr., et on ne peut absolument pas s'en servir sans dépenser encore 3 à 400 fr. pour filières, moules, mandrins, tabliers, basanes cylindriques, etc.

Nous recommandons donc de la manière la plus absolue M. Bertin-Godot, de Soissons (Aisne), jusqu'à ce que nous en connaissions un autre qui fasse aussi bien et qui vende moins cher, ou qui fasse mieux pour le même prix. Nous avons vu fonctionner cette machine au comice de la Société d'agriculture de Meaux, qui s'est tenu cette année à La Ferté-sous-Jouarre. Elle a été examinée par les hommes les plus compétents en pareille matière, et il nous suffira de citer MM. Gareau et Barral, et tous les membres du jury, qui ont jugé que M. Bertin-Godot méritait la plus haute récompense du comice. Elle lui a été distribuée séance tenante.

Comme nous ne pouvons pas nous étendre davantage sur ce sujet, nous n'ajouterons plus que les noms de quelques personnes qui ont acheté cette machine et qu'on pourra consulter. Nous indiquerons notamment :

MM. Behin, président du comice de Thionville;
De Villeneuve, régisseur de M. de Lostanges, à Epeaux;
Philippot, potier à Courcelles;
Mille, ingénieur-draineur en mission dans le département de la Loire;
Le vicomte de Segouzac, à Riberac (Dordogne);
Laherart, payeur de la Haute-Saône, à Vesoul;
Fournier, à la ferme de Ruthel, près Meaux (Seine-et-Marne);
Maussion, à Château-Thierry.

Après avoir indiqué le moyen, très-peu connu encore, de se procurer une bonne machine à fabriquer les tuyaux de drainage, pouvant en établir de 800 à 4,000 par jour, il nous resterait bien à parler de l'opération elle-même, si cette tâche n'avait été si complétement remplie par M. Barral dans le récent Manuel que vient d'éditer la Librairie Agricole de Dussacq, 26, rue Jacob, à Paris. Nous renvoyons donc à cet excellent ouvrage, le plus parfait, bien certainement, de tous ceux qui ont paru jusqu'à présent.

La meilleure preuve que nous puissions en donner, c'est d'extraire quelques-uns des passages qui ont été préalablement publiés par le *Journal d'Agriculture Pratique :*

« Parmi les avantages, incontestables aujourd'hui, que présentent les opérations de *drainage*, il y en a plusieurs qui n'avaient pas encore été signalés et qu'il est bon de constater, afin de prouver que ses effets bienfaisants peuvent s'étendre à bien des branches de l'agriculture générale.

« Pour les cultures *fourragères*, le *drainage* n'est pas moins précieux que pour les céréales et pour les racines. Il augmente non-seulement la quantité des produits, mais encore il améliore d'une manière très-sensible la qualité. Il contribue à détruire le foin grossier où dominent les joncs, et transforme ces prés jadis peu avantageux en herbages succulents. Les herbes nuisibles aux animaux disparaissent. Enfin, la *cachexie* aqueuse devient plus rare parmi les troupeaux qui vivent dans les pâturages drainés, et, dans d'autres cas, le *sang de rate* peut disparaître complétement (1). »

Citant plus loin des expériences empruntées au *Journal de la Société Royale d'Agriculture d'Angleterre*, on trouve la relation des faits suivants qui ont été recueillis à la ferme de Poles :

« Une grande partie de l'étendue de cette ferme fut drainée de 1838 à 1842 à l'aide de drains empierrés. La propriété a été améliorée, en outre, par le labour à la charrue sous-sol.

« En prenant la moyenne des récoltes antérieures à ces opérations et la comparant à la moyenne des récoltes postérieures, on obtient le résultat suivant:

(1) Le vétérinaire a là, pour les maladies, toute une étude à faire. On a déjà parlé récemment de l'*hématurie*. Bientôt ces observations se généraliseront, elles deviendront alors très-précieuses; on ne saurait trop recommander à ceux qui en feront de vouloir bien les publier C'est important en effet; car, si à l'attrait, déjà incontesté, de récoltes meilleures et plus abondantes, on peut encore annoncer au propriétaire que le drainage exerce une heureuse influence sur certaines maladies, le progrès se fera bien plus vite. Mais il y a beaucoup à étudier dans tout cela, et il faut y prendre garde plus qu'on ne l'a fait jusqu'à présent. Ne peut-il pas, en effet, y avoir des maladies qui soient aggravées par les bons résultats du drainage même, et qui exigent alors tout un changement d'assolement et de régime? Nous le pensons, mais quant à présent il faut nous borner à attirer l'attention sur ce sujet. Nous y reviendrons.

	Avant le drainage.	Après le drainage.	Augmentation par hectare.	Augmentation par cent.
	Hectolitres	Hectolitres.	Hectolitres.	
Blé	12,60	20,17	7,57	60
Orge	10,80	32,49	21,69	201
Avoine	17,33	40,41	23,08	133

« D'autre part, dans les enquêtes qui ont eu lieu en Angleterre sur les résultats du drainage, on a également constaté que sur une terre dont une partie a été drainée, l'autre laissée intacte, et toutes deux semées en avoine, il y a eu les différences suivantes :

	Contenance.	Produit en grain total.	Produit par hectare.
	Hectares.		Hectolitres.
Drainée. . . .	3,65	93,65	25,66
Non-drainée .	2,73	69,70	25,53

« Si le résultat comparatif est à peu près nul ici, il convient de remarquer qu'il s'agit d'une terre de médiocre qualité, puisqu'elle ne produit que 25 hectolitres d'avoine. Cela confirme un fait qu'*il ne faut jamais oublier* en matière de drainage, c'est qu'il ne donne rien au sol ; il met seulement le cultivateur à même de mieux tirer parti de la fécondité de sa terre, quand elle en a. »

C'est à cause de ce cas particulier que nous avons choisi ce passage, afin de faire voir les limites extrêmes de la question.

Voilà, de bon compte, tout ce qu'il nous était possible de dire ici sur cette importante opération, qui doit, dans un temps très-prochain, révolutionner complétement notre agriculture. Passons maintenant à un autre sujet, celui des *Concours,* qui, eux aussi, prendront bien leur bonne part aux améliorations dont la marche ne peut plus désormais être arrêtée. La force seule des choses suffira pour les assurer.

Le concours général et *réellement Central* cette fois qui vient d'avoir lieu à Paris, au *Champ-de-Mars,* n'est pas, il faut le dire, un événement d'une mince importance. Malgré les quelques défauts du programme, nous ne pouvons nous dispenser de nous féliciter du colossal succès qui vient d'être obtenu. Une seule chose a pu faire ride à notre joie, c'est l'exclusion de la *Race Chevaline.* Mais l'opinion a été si unanime à cet égard, que nous nous laissons aller à espérer que les choses seront rétablies dans leur état normal pour l'année prochaine.

Si notre espèce chevaline nous a fait défaut par suite, nous ne voulons pas dire d'une faute, mais d'une erreur fâcheuse ; et nous tenons à ne la considérer que comme telle et comme très-provisoire ; nous devons dire tout de suite que nos autres espèces étaient singulièrement bien représentées à une exception près, celle des porcs de race indigène qui était véritablement *Pitoyable.*

C'est là la seule tache qu'il y ait eue à cette brillante exhibition, dont on se fera une juste idée par les chiffres statistiques suivants :

On comptait en effet :

86 taureaux,
80 vaches,
118 béliers,
205 brebis par lots de 5,
19 verrats,
19 truies.

Soit 527 têtes de bétail de ferme.

13 exposants d'animaux de basse-cour;
94 — d'instruments, de machines, d'ustensiles ou d'appareils servant aux usages agricoles;
69 — de produits.

Total des exposants : 176.

Le tout placé sous 1,451 numéros.

Les questions concernant le bétail en général, étant traitées ici d'une manière toute particulière et beaucoup mieux que nous ne saurions le faire, nous nous contenterons de signaler seulement les points principaux qui semblent le plus se rattacher à notre sujet.

L'admission des *Femelles*, donnée comme compensation de l'exclusion des chevaux, constitue à elle seule un véritable progrès dont le succès a sanctionné l'importance; 304 femelles pour un premier concours auquel elles sont admises, c'est là un chiffre qui en dit plus que tous les raisonnements, surtout quand on peut ajouter qu'elles étaient pour la plupart fort belles, chacune dans son espèce ou dans sa race.

En ressortant de la partie vivante de l'exposition, nous avons bien des choses à noter, et pour commencer par la plus remarquable, à notre avis, nous citerons, non-seulement le grand nombre relatif de *Machines à Vapeur,* mais encore leur qualité.

A Orléans, l'année dernière, on avait bien déjà vu quelques *Locomobiles* qui n'étaient pas sans mérite, sans doute, mais aucune ne nous avait satisfait entièrement à un point de vue particulièrement fort grave : celui de la sécurité en matière d'*Incendie*. Aujourd'hui, nous pensons que le problème est résolu par la double cheminée, d'origine allemande, dont M. Calla s'est fait l'importateur. Voici en deux mots ce qui la caractérise : Une cheminée ordinaire en forme de T est placée à l'intérieur d'un grand manchon conique renversé. Ce manchon est terminé supérieurement par une fenêtre à jour et tournante, comme on en voit dans certains établissements pour renouveler l'air d'une manière permanente, dans les estaminets notamment.

Les flammèches qui ont résisté au premier choc de la cheminée en T sont infailliblement éteintes par cet appareil et retombent au fond du manchon, d'où on les extrait par une porte spéciale tous les deux ou trois jours.

Le foyer de cette machine, étant alimenté avec de la paille seulement, ne laisse pas sortir une seule parcelle incandescente. On a pu s'en assurer en faisant l'expérience la nuit. Le seul défaut de cette locomobile, c'est de coûter 800 fr. par cheval-vapeur.

Une autre application de la vapeur aux besoins de l'agriculture, que nous croyons devoir signaler aussi, bien que le jury n'y ait fait aucune attention, nous a-t-on dit, c'est celle de la cuisson des légumes qui se fait à l'aide de l'appareil dont nous donnons le dessin ici.

La maison CHARLES et Cie, de Paris, rue Furstemberg, 7, a parfaitement exécuté ses modèles, qui sont, au principal, semblables à celui de M. Stanley lui-même. C'en est, en effet, une véritable copie faite sur l'original qui est au Conservatoire des arts et métiers.

Cette gravure a déjà été publiée dans le *Journal d'Agriculture Pratique*, et c'est à l'extrême obligeance de son savant directeur, M. Barral, que nous devons de pouvoir la reproduire ici. *a* est la cheminée du foyer se chargeant par la porte qui est très-visible au-dessous des deux robinets indiquant la hauteur de l'eau dans le bouilloir.

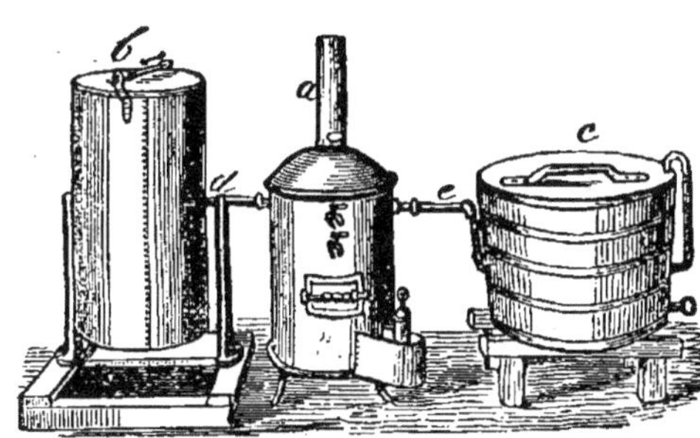

La vapeur produite s'échappe par les tubes *e* et *d* pour aller, soit dans un véritable cuvier bouché par le couvercle *c*, soit dans la grande chaudière à bascule *b*.

Le cuvier *c* peut servir à faire la lessive, ou bien, comme l'autre, *b*, à la cuisson des légumes.

Ce n'est point ici qu'il faut s'étendre sur l'utilité de la cuisson des aliments; il y a là tout un progrès des plus importants à réaliser. Il appartient aux vétérinaires d'y contribuer pour leur part. Tous les fermiers un peu importants peuvent faire construire des appareils plus ou moins analogues à celui-ci; il faut les y engager dans leur intérêt. Tel que nous le représentons, il n'est pas cher d'ailleurs, car on ne le vend que 250 fr.

Parmi les indications de conseils qu'un vétérinaire aurait pu prendre à notre exposition centrale pour les transmettre aux trop rares amis du progrès agricole de sa région, nous devons citer un appareil fort simple qui s'applique au roulage des grosses voitures et qui permet de les *graisser à l'huile* comme de vrais essieux montés à *patent*. Cette invention est due à

M. Derissard, de Louvres (Seine-et-Oise). Les boîtes à conduite traversant les moyeux ne coûtent que 25 fr. la paire; l'heurtoir et le chapeau de la furée sont faits de façon à ne rien laisser échapper de l'intérieur.

A côté de cet exposant se trouvait tout un ensemble de petites choses en apparence, et cependant fort importantes en réalité. C'était d'abord un *arcanseur* très-ingénieux à l'aide duquel un cheval peut monter une côte en diminuant lui-même sa charge de moitié. Il lui suffit pour cela d'épauler soit à droite, soit à gauche; la roue opposée se trouve immédiatement calée à l'aide d'un mécanisme bien simple dont nous donnerons prochainement le dessin et la description. C'est à M. H. Orad. Blatin qu'on doit cette invention, ainsi que celle des *boucles avec ardillon à retrait*. Il y a là toute une révolution en sellerie. On en comprendra la disposition par les figures ci-contre. *B* est la chape et *A* l'ardillon ordinaires; tout le système est dans l'arbre *D*, coudé en excentrique en *C*, le tout mu par le petit levier *E*. Quand le levier-manivelle est ramené contre la chape (*fig.* 1), l'ardillon *A* est fermé. Si dans cette position on veut déboucler, au lieu de tirer sur le cuir, ce qui est souvent pénible à cause de la rigidité habituelle des fortes lanières dont on se sert dans ces cas, on ramène tout simplement le bras *E* dans la position de la figure 2, et on déboucle sans difficulté. Nous livrons cette nouvelle boucle à la méditation des personnes qui sont exposées à se servir des chevaux. En cas d'accidents, ceci sera extrêmement précieux; on se dégagerait bien plus vite qu'en coupant les traits Comme facilité de nettoyage, c'est impayable. Enfin, appliquée aux *entravons*, cette boucle peut aussi rendre des services. Les prix ne sont pas de beaucoup supérieurs à ceux des boucles ordinaires. Sans vernis, l'attelage complet coûte 8 fr.; avec vernis au bitume, 12 fr. On peut en voir chez M. Vroland, passage Verdeau, 25, à Paris, ou chez l'inventeur, 30, rue Bonaparte, ou enfin à l'administration des *omnibus* de Noizy-le-Grand, à Paris, où on s'en sert depuis six mois avec le plus grand succès.

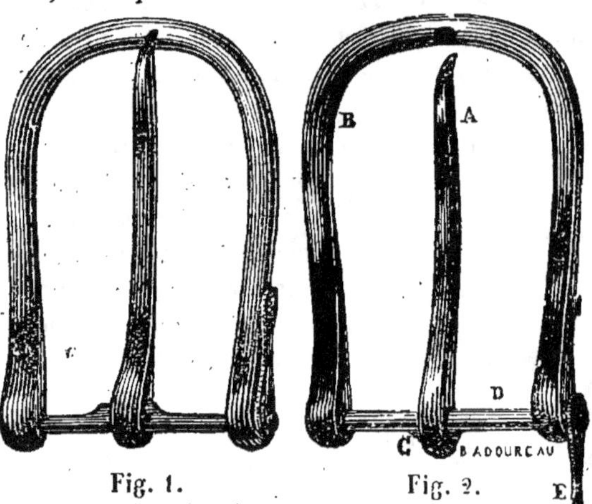

Fig. 1. Fig. 2.

Depuis l'exposition, le bouton qui termine la virgule a été modifié, on a craint que la mèche du fouet ne put s'y engager et on l'a remplacé par une petite saillie en virgule ou en goutte de suif qui n'a pu être figurée dans les dessins ci-contre. Voilà pour le nouveau.

Quant aux instruments connus, servant aux méthodes d'alimentation perfectionnée, ils ne manquaient pas au Champ-de-Mars : hache-paille, coupe-racines, concasseurs, etc. Il y avait de quoi faire rougir tous les gros bonnets de l'armée qui n'ont pas encore pu comprendre qu'il y aurait un immense intérêt pour eux à entrer enfin résolument dans la partie possible de ces excellentes méthodes qui sont suivies en Angleterre même sur les places publiques, où pas un seul cheval de louage ne marche sans son pochet de fourrages hachés et de grains concassés. Heureusement, nos fermiers commencent à donner l'exemple, eux chez lesquels la main-d'œuvre est si cher pourtant! Espérons donc que, venant de ce côté, l'exemple sera suivi un jour par ceux qui ont cependant le plus à y gagner; car rien ne corrige les effets de la médiocre qualité des aliments comme ces appareils préparateurs. Or, aucune administration n'a généralement plus besoin de ce correctif que l'armée, dans certaines localités surtout.

Nous avons félicité l'administration de la bonne idée qu'elle a eue d'admettre les femelles domestiques. C'était un non-sens, en effet, que de les exclure d'un concours de *Reproducteurs*. Il y avait encore une autre lacune qui se trouve heureusement comblée, c'est celle des *Animaux de Basse-Cour* qui, elle aussi, a conquis désormais son droit de cité. Les vétérinaires devraient bien profiter de l'occasion qui va s'offrir à eux désormais dans tous nos concours, pour compléter leur répertoire à ce sujet. Nous disons *compléter,* parce que le terme est suffisamment élastique pour qu'il puisse s'appliquer à ceux qui en savent *peu* sur la question, et nous craignons qu'il n'y en ait beaucoup.

Cependant, il y a là toute une mine à exploiter. C'est un fleuron que le vétérinaire ne doit pas laisser détacher de sa couronne. Il ne la déshonorera jamais.

Nous ne demandons pas qu'en sortant des Ecoles, on entreprenne des études à perte de vue sur cette partie accessoire de la profession. Mais, si nous n'exigeons pas une érudition ni un fond de connaissances spéciales pouvant faire de savants spécialistes, ni même des Prangé et des Mariot-Didieux, nous ne sommes pas moins disposé à désirer un moyen terme qui permettrait à chacun de rendre des services, il y en a là beaucoup à rendre et plus qu'on ne le pense de prime abord.

Pour n'en citer qu'un exemple, parlons des animaux de race *Cochinchinoise* qui étaient à l'exposition. Ils étaient fort médiocres, c'est une justice à leur rendre; mais à quoi cela tient-il? Evidemment à ce que les gens qui s'occupent du maintien, du perfectionnement ou du croisement de ces races n'ont pas la moindre notion, même des éléments de ce qu'il faut.

Pourquoi donc alors les vétérinaires ne s'empareraient-ils pas de la question. Personne n'est mieux placé pour cela. Il n'en est pas un qui n'ait dans sa clientèle une fermière, au moins, assez curieuse et assez intelligente pour seconder ses efforts.

C'est dans cette pensée que nous avons voulu faciliter la tâche de ceux qui l'accepteront, en réclamant de l'amitié de M. Barral un assez bon dessin, publié déjà dans le *Journal d'Agriculture Pratique* qu'il dirige avec autant de talent que de succès.

Quand donc on voudra faire une opération sur le cochinchinois, il faudra rechercher avec soin des sujets purs, qui se reconnaissent aux caractères suivants :

Tête petite relativement au corps; *Crête* plus courte que dans la gravure ci-contre, ayant au naturel 4 centimètres au plus, extrêmement épaisse, raide, droite, peu échancrée, *toujours* SIMPLE, jamais jetée en arrière et mourant sur le bec, qui sera court et jaune quand le coq est jaune; sombre quand il est foncé.

Barbillons pas plus longs que la crête.

Chez la poule, la tête est *très-petite,* jamais allongée, jolie et bien proportionnée; *Crête* rudimentaire, n'ayant jamais plus de 1 centimètre.

Chez le cochinchinois, en général, le *Cou* est grêle relativement encore, les *Ailes rudimentaires,* la *Queue idem.* Si le coq ici n'avait guère plus de crête, de barbillons et de queue que la poule, il serait à peu près un type parfait; car la patte est superbe, et c'est là qu'on puise les meilleurs renseignements.

Les plumes de la patte partent du talon et se suivent de près en longeant le canon jusqu'à l'extremité du doigt externe et en s'implantant sur une ligne sanguinolente fort remarquable; elles doivent être *soyeuses,* flexibles et *de la même longueur* (3 à 4 centimètres).

C'est seulement vers l'articulation que la longueur augmente.

Le petit doigt ou doigt externe présente un des caractères les plus distinctifs; il est *extrêmement court* et son *ongle* est tout à fait *rudimentaire.* Le *doigt du milieu,* au contraire, est *très-long;* le doigt *interne* beaucoup moins.

Le canon est *gros;* la patte, forte, courte, paraît un peu bancale, tournée en dedans.

En somme, l'aspect général est celui de l'*Autruche;* la démarche semble aussi gauche que chez cet animal.

Le corps nu présente la vraie forme cubique qu'on recherche avec raison chez les animaux perfectionnés. Les plumes seules changent l'aspect. Les cuisses sont si grosses que nous les avons comparées, comme effet à l'œil, aux gigots que portaient autrefois les dames aux manches de leurs robes. On retrouvera, d'ailleurs, tous ces détails de caractère reproduits, avec des gravures délicieuses, dans la série d'articles que nous publions depuis janvier dernier dans le *Magasin Pittoresque* sous le titre de : UNE FERME DANS LA BRIE FRANÇAISE.

Nous nous bornerons donc, quant à présent, à affirmer que, d'après de longues expériences que nous continuons encore, et d'après les témoignages concordants que nous avons recueillis près de personnes compétentes, la race cochinchinoise présente les avantages suivants :

1° Grande douceur, poussée jusqu'à la poltronnerie; aucun penchant au pillage ni aux excursions;

2° Aptitude remarquable à couver en tous temps et jusqu'à cinq fois par an;

3° Ponte supérieure (*hiver* et été) à celle des autres races en nombre et par le fait en poids total (de 150 à 225 œufs);

4° Engraissement assez facile, mais sans excès cependant;

5° Influence considérable et des plus avantageuses sur les croisements bien dirigés.

Nous ne nierons pas quelques défauts, qui sont pour ainsi dire la conséquence forcée des qualités :

1° Trop de tendance à couver quand on ne peut utiliser cette tendance;

2° OEufs un peu petits et colorés en rose; difficiles à vendre, actuellement, comme marchandise courante, sur les marchés;

3° Pas assez de suite dans la conduite des petits, qui sont abandonnés sitôt qu'ils peuvent à peu près se suffire à eux-mêmes;

4° Qualité incontestablement inférieure de la viande dans la race pure.

Mais ajoutons tout de suite qu'avec des croisements bien faits on corrige facilement ces défauts, notamment ce dernier.

Jusqu'à présent, les croisements qui ont le mieux réussi ont eu lieu avec les races suivantes :

1° La Jérusalem	pour corriger		la trop grande tendance à couver;
2° La Breda.	—	—	la grosseur et la couleur des œufs;
3° La poule de combat.	—	—	le défaut de maternité;
4° La crève-cœur. . . .	—	—	la qualité de la chair.

Puisque l'exposition du Champ-de-Mars nous a entraîné à une *légère* digression, nous rentrerons sous la tente des produits pour avoir encore occasion d'en faire une autre à propos de *Pisciculture.*

Là, en effet, on voyait les appareils du Collége de France, exposés par M. Coste. C'était un magnifique joujon pour le vulgaire, mais c'était le sujet de graves méditations de la part de celui qui réfléchit.

Le vétérinaire est-il intéressé à cette question ? — En quoi ? nous dira-t-on. Les maladies des poissons sont inconnues des spécialistes et *même* des pêcheurs; il n'y a pas là, d'ailleurs, matière à clientèle. Tout cela est vrai jusqu'à un certain point, mais pas au delà.

Le vétérinaire doit savoir tout ce qui peut lui donner du relief par son savoir réel et l'utilité qu'on peut retirer de ses conseils. Supposons donc qu'un bon client de fermier ait des pièces d'eau qu'il désire empoissonner et qu'il consulte son vétérinaire, il serait désagréable pour celui-ci de ne avoir que repondre.

Eh bien, nous allons chercher à lui en indiquer les moyens, provisoirement au moins.

Une pièce d'eau étant donnée, on l'étudie avec soin; les températures sont de la plus haute importance à connaître. On recherche quelles sont les espèces qui s'y plaisent et on s'assure qu'elles s'y reproduisent ou qu'elles ne s'y reproduisent pas. Sachant ensuite comment l'eau se renouvelle, on a ses premiers éléments.

Si le milieu est propre aux espèces distinguées : saumon, truite, ombre, chevalier, etc., le mieux, quant à présent, c'est de faire une demande à M. Coste, au Collége de France, qui ne refusera pas quelques-uns des millions d'œufs fécondés que fournit Huningue. En allant les chercher, on verra par soi-même comment il faut s'y prendre ensuite pour les laisser éclore et pour les aleviner. Ces détails sont, d'ailleurs, imprimés partout, et dans le livre de M. Coste notamment.

S'il ne s'agit que de multiplier les espèces communes qui sont déjà dans la pièce étudiée, on recherche leurs frayères qui, le plus souvent, sont dans les herbes, et on amène ce véritable nid dans une anse quelconque ou dans un bassin, à l'abri de l'ennemi. S'il y a trop d'herbes, on en coupe pour ne laisser que quelques touffes où les femelles viendront forcément déposer leurs œufs, qu'on collectionnera plus facilement ensuite. Ce procédé est particulièrement suivi à Maintenon, chez M. le duc de Noailles, où l'usage des *frayères artificielles* a déjà été pratiqué avec succès. On attendra patiemment ensuitel'éclosion, et quand la vésicule ombilicale sera résobée, on lâchera tous les jeunes, qui seront déjà en état de se défendre et, par suite, de prospérer.

Rien n'est amusant et instructif comme les expériences de ce genre. Nous engageons ceux qui le peuvent à les entreprendre sur une petite échelle, comme nous (dans de simples rigoles en bois ou dans des baquets); ils en auront une complète satisfaction.

Le grand appareil du Collége de France, dont celui du Champ-de-Mars n'était qu'un très-mince diminutif, est, d'ailleurs, toujours ouvert à ceux qui désirent le visiter. Nous sommes autorisé à le dire. On verra là une première partie du problème toute résolue : l'alevinage à l'aide de l'alimentation artificielle ayant amené déjà, depuis l'année dernière seulement, des saumons et des truites des grands lacs à l'état presque comestible. Nous en avons vu de 20 centimètres de long et du poids de 125 grammes environ.

On a fait là une véritable petite *Basse-Cour* piscicole, si on peut s'exprimer ainsi.

La seconde partie, la plus importante sans contredit, viendra ensuite : l'empoissonnement des fleuves, des rivières et des lacs. L'affaire est en bonne voie.

En effet, depuis quelques semaines, l'avenir d'Huningue est assuré; il vient d'entrer dans le domaine des ponts et chaussées, section de navigation, direction des travaux du canal du Rhône au Rhin.

Désormais donc, chaque établissement particulier pourra s'alimenter à ce grand centre qui va avoir, cette année même, une succursale aux portes de Paris. Les rivières du *bois de Boulogne* seront en partie empoissonnées par des sujets qui y arriveront dans leur coquille, que l'on fera éclore sur place, que l'on alevinera ensuite et qu'on lâchera enfin dans ces eaux en présence de tous ceux qui voudront être témoins de ces curieuses expériences.

C'est là une grande et belle expérience, en effet, dont nous désirons vivement le succès et qui décidera de la question tout entière. Déjà des essais isolés sont faits sur divers points. Nous citerons : M. Caron à Beauvais (Oise) ;

M. Francfort à Tours (Indre-et-Loire), sur le bord de la Loire; M. Lepelletier de Glatigny à Anet (Seine-et-Marne), sur le bord de la Marne; M. Pouchès à Rouen (Seine-Inférieure), sur le bord de la Seine; M. Berthol à Beaume-les-Dames, sur le bord du Doubs; M. Petit-Huguenin à Nemours, sur le bord du Loing.

Nous pourrions en citer beaucoup d'autres, mais nous ne devons pas nous arrêter davantage sur ce sujet (1); il nous faut en aborder un autre qui, par sa nouveauté dans le genre et son cachet particulier, doit offrir quelque intérêt à ceux qui, comme nous, sont les ennemis jurés des préjugés, presque toujours stupides et trop souvent nuisibles en même temps.

Tout le monde connait l'influence qui est attribuée au jour de la *Saint-Médard* et de la *Saint-Gervais.* Quand il pleut un de ces jours-là, dit-on, on est sûr d'avoir quarante jours de pluie ensuite.

Rien n'est plus ridiculement faux : que ce soit une question de *saints* ou une question *astronomique.* Il peut y avoir là une question d'influence *solsticiale* à étudier. Ce sera l'objet de prochaines recherches.

Il sera permis alors d'espérer qu'à la place d'un préjugé on mettra un fait statistique qui pourra ne pas être sans importance. En attendant, voyons ce qui est établi :

Un de nos bons amis, M. le docteur Bérigny, de Versailles, a fait le relevé de 33 années dans la *Connaissance des Temps,* publiée par l'Observatoire de Paris. Eh bien, le préjugé ne s'est pas justifié *une seule fois.* On en jugera par le tableau suivant, qu'il vient de communiquer à la *Société Météorologique de France :*

---

(1) Cependant il est plus important et plus étendu qu'on ne pourrait le croire à première vue. En effet, la *pisciculture* peut, non-seulement nous conduire au réempoissonnement de nos fleuves et de nos rivières, mais elle peut encore repeupler nos côtes, et ce n'est pas là une petite affaire. Nous savons que déjà cette question a été mise à l'étude par l'administration.

M. Coste s'est rendu récemment avec le régisseur d'Huningue, M. Chabot, dans les environs de la Rochelle. Là, ils ont étudié les *bouchots* de ces contrées, et ils son revenus avec la presque-certitude qu'il y avait beaucoup à faire.

Ce qui a le plus frappé l'attention des explorateurs, ce sont les huîtres vertes de Marennes, les viviers d'Oleron et les *claies* immenses qui garnissent les côtes, où il ne se fait rien moins qu'un mouvement de 3 millions ½ de francs pour les claies seulement

Il est curieux de rappeler que toutes ces richesses étendues ont été primitivement l'œuvre d'un pauvre naufragé du XIIe siècle, qui avait d'abord cherché à se créer des ressources personnelles. Elles ont pris depuis des proportions telles qu'aujourd'hui elles font la fortune de deux ou trois communes, qui font avec un commerce de 7 à 800,000 fr.

ANNÉES.	NOMBRES TOTAUX DES JOURS DE PLUIE QUI ONT ÉTÉ CONSTATÉS PENDANT LA PÉRIODE QUARANTENAIRE, QUAND :			
	le jour de la Saint-Médard		le jour de la Saint-Gervais	
	IL A PLU. (18 fois.)	IL N'A PAS PLU. (15 fois.)	IL A PLU. (18 fois.)	IL N'A PAS PLU. (15 fois.)
1812	»	17	16	»
1813	22	»	25	»
1814	16	»	15	»
1815	17	»	17	»
1816	25	»	28	»
1817	18	»	»	18
1818	»	8	»	8
1819	16	»	»	16
1820	12	»	11	»
1821	16	»	»	15
1822	»	19	19	»
1823	»	22	27	»
1824	»	25	23	»
1825	»	5	»	5
1826	10	»	»	10
1827	»	13	14	»
1828	»	20	»	28
1829	»	26	»	30
1830	32	»	22	»
1831	»	19	18	»
1832	11	»	»	6
1833	»	15	»	15
1834	18	»	»	18
1835	»	12	»	12
1836	11	»	12	»
1837	18	»	»	16
1838	»	22	20	»
1839	14	»	»	11
1840	»	19	»	25
1841	27	»	33	»
1842	»	12	15	»
1843	17	»	16	»
1844	23	»	26	»
TOTAUX	323	254	357	233

Il n'y a qu'à jeter un coup d'œil sur ces tableaux pour acquérir la certitude que les appréhensions des populations agricoles sont on ne peut plus mal fondées à ce sujet. C'est donc un service à leur rendre, que de chercher à combattre leur erreur, qui trop souvent a exercé une influence très-fâcheuse sur le cours des denrées de première nécessité.

Il est évident, en effet, que quand même *il n'a pas plu* l'un de ces jours-là, on a eu jusqu'à 26 et 30 jours de pluie ensuite (1829); tandis que d'autres fois, *quand il avait plu*, on n'en a eu que 10 et 11 (1820 et 1826).

En prenant les moyennes, la contradiction est encore bien plus frappante. Ainsi, pour la Saint-Médard, si on divise les 323 jours de pluie par les 18 fois qu'il a plu le jour fatal, on trouve 18; et le même calcul sur les 254 jours qui ont suivi les jours non pluvieux, donne 17. Rien n'est plus insignifiant que cette différence, qui conduit naturellement à cette conclusion : *qu'il pleuve ou qu'il ne pleuve pas le jour de la Saint-Médard ou de la Saint-Gervais, cela n'influe absolument en rien sur le temps des jours suivants.*

Si, avant de clore cette revue, nous passons du préjugé à la réalité de certains faits, desquels on ne cesse de se préoccuper avec raison, nous dirons qu'à la suite d'accidents très-graves survenus dans les campagnes, on cherche beaucoup, depuis quelque temps, les moyens de les éviter. De ce nombre, sont ceux qui sont causés par les *Taureaux,* et ceci rentre tout à fait dans notre domaine de la Vétérinaire-Agricole.

Le Président de la Société Centrale d'Agriculture de la Seine-Inférieure, M. Mésaize, à la suite d'une enquête ordonnée par le Préfet du département, a publié, dans le *Journal d'Agriculture Pratique,* une note intéressante dont nous croyons devoir parler d'autant mieux que M. Barral a bien voulu mettre à notre disposition un cliché du dessin qui l'accompagne.

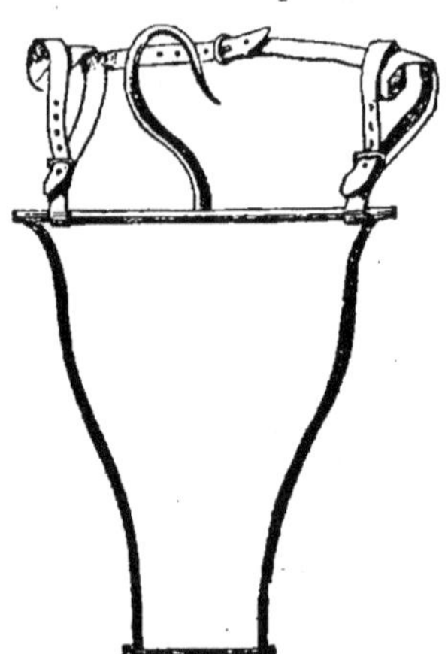

Il s'agit d'une armature nouvelle dont la Société tout entière a reconnu l'efficacité depuis longtemps. C'est une modification de celle qui a été imaginée primitivement par M. Lachèvre, cultivateur près Fécamp, et perfectionnée depuis par MM. Verrier, vétérinaires.

C'est principalement une espèce de triangle tronqué et renversé.

La base, placée sur le front, est armée d'un crochet fixe dont la pointe, dirigée en permanence vers le crâne, menace de piquer l'animal chaque fois qu'il veut frapper de la tête (1). Il n'y a rien de très-particulier dans la tige qui traverse la cloison nasale; elle est reliée

(1) Il nous semble que les pointes pourraient être multiples et écartées l'une de l'autre ; mais, dans tous les cas, nous voudrions voir leur action *limitée*, pour des raisons faciles à comprendre.

aux branches latérales de l'armature par deux boulons. On ne la pose qu'après avoir pratiqué une perforation *à l'emporte-pièce*, qui fait alors une plaie nette se cicatrisant plus promptement que si on avait agi par simple perforation.

Le tout est maintenu en place par des courroies qui passent derrière le chignon et autour des cornes.

Ces appareils, qui pesaient primitivement de 3 à 4 kilogrammes, sont réduits aujourd'hui à 1 kilogramme, et ne coûtent que 8 fr. Chacun peut d'ailleurs en faire faire de semblables ou d'analogues.

Nous engageons fortement les vétérinaires à vérifier la valeur de cette armature, s'ils en ont l'occasion. Ils ne sauraient jamais trop s'occuper de tout ce qui se rattache à la question du bétail, qui est très à l'ordre du jour en ce moment à cause des hauts prix continus de la viande de boucherie. Ainsi, tandis que les arrivages augmentent à Poissy et à Sceaux, les prix des viandes de boucherie suivent une progression croissante; ce qui ne s'est jamais vu.

Du 1er janvier au 30 juin 1854, il est arrivé à Poissy et à Sceaux. . . . . 86,028 bœufs.
Même période en 1852. . . . . 84,586 —
Augmentation. . . . . 1,442 bœufs.

Les prix moyens ont été, par kilogramme, de 1 fr. 25 c. en 1854, et de 85 c. en 1852; soit une augmentation, en deux ans, de 40 c., ou 47 pour 100.

Pendant la même période, les arrivages de vaches ont été, en 1854, de. 15,967 vaches.
En 1852, de. 13,998 —
Augmentation. . . . . 1,969 vaches.

Prix moyen par kilogramme, 73 c. en 1852, et 1 fr. 13 c. 1/3 en 1854; ce qui présente un accroissement de 40 c. 1/2, ou de 55 pour 100.

Les arrivages de veaux se sont élevés, pendant le premier semestre de 1854, à. . . . . 32,918 veaux.
Premier semestre de 1852, à. . . . . 36,410 —
Diminution. . . . . 3,492 veaux.

Prix moyens en 1852, 1 fr. 12 c.; en 1854, 1 fr. 41 c. 1/2 par kilogramme; soit une augmentation de 29 c. 1/2, ou 26 pour 100.

Pendant le premier semestre de 1854, on a amené. . . 602,384 moutons.
— — de 1852, on a amené. . . 505,417 —
Augmentation. . . . . 96,967 moutons.

Les prix moyens ont été de 98 c. 1/2 en 1852, et de 1 fr. 79 c. 1/2 en 1854; ce qui présente l'énorme accroissement de 81 c., ou de 82 pour 100.

En présence de ces faits, on ne saurait donc trop recommander les croisements, les méthodes perfectionnées d'alimentation et toutes celles qui doivent concourir, dans un temps plus ou moins rapproché, à l'augmentation de production, et par suite à la diminution de ces prix réellement trop élevés pour les masses. La place nous manque pour parler d'une savante et consciencieuse enquête qui a été ouverte par le *Comice Agricole de Lille*. Nous dirons bientôt comment il a y été démontré que les mercuriales sont souvent des causes d'erreurs. Ainsi, dans cette localité, par exemple, en estimant le cuir 50 c. quand il vaut réellement 80 c., en portant le suif pour 80 c. quand il se vend 1 fr. 10 c., on est arrivé à produire très-fâcheusement une augmentation de 10 c. par kilogramme de viande dont les *bouchers seuls* profitent au détriment du producteur et du consommateur.

En s'occupant de la réforme si nécessaire du monopole de la boucherie à Paris, l'autorité prépare une voie nouvelle, dans laquelle il faut savoir entrer à l'avance si on ne veut être surpris par les événements. C'est aux vétérinaires à aider les éleveurs de leurs conseils, quand ceux-ci ne se croient pas encore assez grands seigneurs pour les refuser.

C'est par l'étude de toutes les importantes questions agricoles de ce genre que la communion d'idées doit s'établir entre le vétérinaire et son client. Celui-ci, ne voyant plus alors un simple guérisseur dans celui que jusqu'alors il avait considéré comme tel, comprendra bientôt enfin que son intérêt est lié plus intimement qu'il ne le pensait à la mise en pratique des recommandations qui lui seront faites ainsi. L'un et l'autre y gagneront sous tous les rapports, et c'est alors seulement que le vétérinaire jouera le véritable et très-honorable rôle qu'il est appelé à remplir. Nous désirons vivement que cela ait lieu le plus tôt et le plus complétement possible.

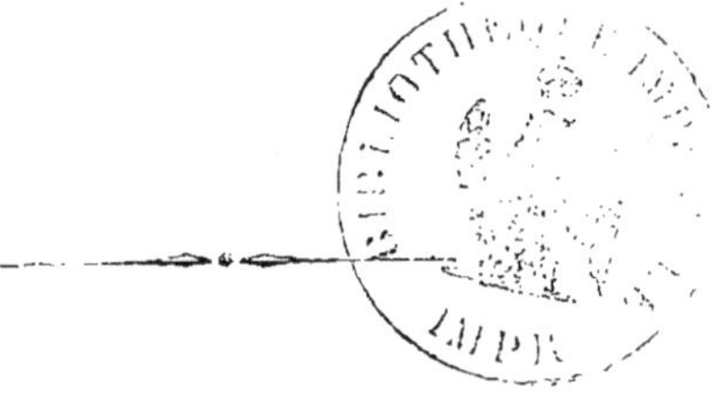

Paris. — Typographie de E. et V. PENAUD frères, 10, rue du Faubourg-Montmartre.

CHRONIQUE AGRICOLE TRIMESTRIELLE.

Par M. Auguste Jourdier.

—

(Extrait du *Recueil de médecine vétérinaire*, n° d'octobre 1854.)

BIBLIOTHÈQUE IMPÉRIALE

Des *semailles de blé*, changement de semences. — Du blé bleu, du blé rouge anglais et des blés blancs. — *Trieur Vachon;* description détaillée; rapport de M. Moll à la Société d'encouragement. — *Maladie de la vigne*; procédé Crognet par le vinaigre. — *Sucrage ou Chaptalisage des vins*; M. Dubrunfaut; examen sommaire du procédé. — Diminution des droits sur les spiritueux étrangers. — *Arcanseur* et arcanseur-frein de M. Orad Blatin; descriptions détaillées — Expériences curieuses se rattachant au *tournis*. — Moyen proposé pour sauver les *chevaux* dans les cas d'*incendie*. — *Pompe* sans clapet ni piston. — Dénominations données aux *viandes salées* d'Amérique. — *Système Guénon*; moyens employés par les marchands de vaches pour en dissimuler les caractères.

La moisson s'est faite dans des conditions véritablement exceptionnelles; nous n'avons qu'à nous féliciter de ce côté, et si les rendements ne sont pas partout complétement satisfaisants, il n'en reste pas moins à peu près positif que la récolte doit être considérée comme rassurante. En Angleterre, il y aura pour un milliard de francs d'excédant par rapport à 1853.

C'est une bonne campagne qui vient de se clore; il s'agit maintenant de bien préparer la prochaine. On est à l'œuvre déjà; c'est donc le moment de rappeler ici l'importance des changements de grains pour les *semailles* et leur bon choix non-seulement comme *qualité*, mais encore comme *propreté*.

Quoi qu'en aient dit Dombasle et d'autres, le changement de semence est le plus souvent très-avantageux quand le choix a été fait judicieusement. Bien des cultivateurs avec nous, s'en sont toujours parfaitement trouvés, et ce qui réussit surtout, dans ces cas, c'est le grain provenant d'un terrain de qualité inférieure à celui qui doit le recevoir chez l'acheteur.

Les *blés bleus* ont essuyé cette année un échec. Leur précocité, l'épaisseur de leurs enveloppes, ont été cause d'avaries irréparables; mais doit-on conclure de là que c'est une variété qu'il faut abandonner? Pas du tout. Nous persistons toujours à la considérer comme étant une des meilleures que l'on puisse choisir. Ce blé rend extrêmement, donne un beau grain marchand, lourd et avantageux. C'est celui qui est le moins exposé à la verse.

Le *blé rouge anglais* partage bien cette dernière propriété, mais il est beaucoup plus difficile à battre, surtout quand on se sert du fléau. Il n'y a

2004

guère qu'une bonne machine qui puisse atténuer ce véritable inconvénient.

Pendant que nous sommes sur ce sujet, disons encore qu'on ne saurait trop recommander aux cultivateurs d'introduire dans leurs blés de semence une petite quantité de *blé blanc*. On ne se fait pas d'idée des avantages de cette méthode quand il s'agit de la vente. Quelques grains suffisent pour rehausser singulièrement la bonne apparence de l'échantillon, et il nous est constamment arrivé de vendre de 25 à 50 centimes de plus par hectolitre ½ toutes nos sortes ainsi mélangées.

Il n'y a pas de petits détails en culture. On sait que les blés blancs purs sont gelables, le *bergues* et le *suisse* plus ou moins; or, le mélange n'expose pas à une perte sèche. Ce léger *filet de blanc*, comme on dit, donne non-seulement de l'*œil*, mais encore de la qualité, et c'est pour cela que les meuniers les recherchent.

Ils sont aussi curieux de ces mélanges qu'ils le sont peu de ceux dans lesquels entre la *nielle*, le *pois gras*, etc. Le moindre de ces grains leur sert de thème pour proposer une réduction dont ils profitent exclusivement, car il est bien certain, qu'à moins d'un trop grand excès, ni l'un ni l'autre n'exerce une bien fâcheuse influence sur la qualité et la quantité des rendements.

Quoi qu'il en soit, comme c'est chose reçue, il est bon de se mettre en garde contre cet usage spéculatif. Rien n'est plus facile aujourd'hui avec l'appareil dont nous voulons parler ici : le trieur des grains de MM. Vachon père et fils, de Lyon.

Ce n'est point chose nouvelle pour les personnes qui sont un peu au courant du progrès; mais, comme leur nombre n'est pas le plus grand et que, d'ailleurs, les bons instruments ne vieillissent pas, nous profiterons de la circonstance qui nous permet de donner le dessin de cette petite machine.

Le bois ayant été fait pour le volume que nous venons de publier sous le titre de : MATÉRIEL AGRICOLE, dans la *Bibliothèque des chemins de fer*, MM. Hachette ont bien voulu nous le prêter pour cette *Chronique*. Les lecteurs du *Recueil* vont en profiter.

Le principe sur lequel repose la construction du trieur Vachon est très-simple; on s'en rend parfaitement compte en regardant le dessin que voici.

Supposons des alvéoles creusées dans une plaque de métal quelconque, et faisons une coupe qui nous permettra d'en voir la profondeur, exactement comme si nous coupions une capsule de chasse en deux parties égales par une section verticale.

D A C B D

Fig. 1. — Principe du trieur Vachon.

On concevra très-bien qu'il a été facile de donner à ces cavités une capacité telle qu'elles peuvent recevoir et garder les corps d'une certaine dimension, tandis qu'elles ne pourront pas loger ceux qui seraient plus gros.

Or, le blé de grosseur normale étant bien plus volumineux que la nielle et le pois gras, etc., les mesures ont été prises exclusivement à ce point de vue ou à peu près.

Si donc, on jette sur une table creusée d'une grande quantité de ces alvéoles une poignée de grains telle que la donne le battage, et qu'on place à la main chacun d'eux dans une de ces cavités uniformes, les plus petits les rempliront entièrement, les autres plus ou moins.

C'est ce qu'on voit très-bien dans la figure ci-contre : A est un pois gras, B un grain de nielle, C un grain de blé qui n'est pas à grosseur, D D deux grains à l'état normal.

Imprimons par la pensée un mouvement de *sas* à la coupe du petit appareil que notre figure 1 représente à grandeur naturelle, on n'aura pas de peine à concevoir que les grains placés en A, en C et en B battront sans cesse les parois de leur prison sans pouvoir en sortir. Mais il n'en sera pas de même des grains D D ; les cavités dans lesquelles ils sont logés ayant à peine en profondeur et en largeur le tiers de leur plus grand diamètre, au moindre mouvement de *sas*, l'instabilité de l'équilibre sera mise en péril, les grains sortiront par culbute, et il en sera de même dans tous les trous qu'ils rencontreront ultérieurement.

Ceci compris, le reste n'est plus qu'un jeu.

G (Fig. 2) représente le centre d'une table de tôle creusée comme nous venons de le dire. Elle pose sur une table de bois et est encadrée à rebords OD ; S.

Faisons fonctionner l'appareil tout en le décrivant.

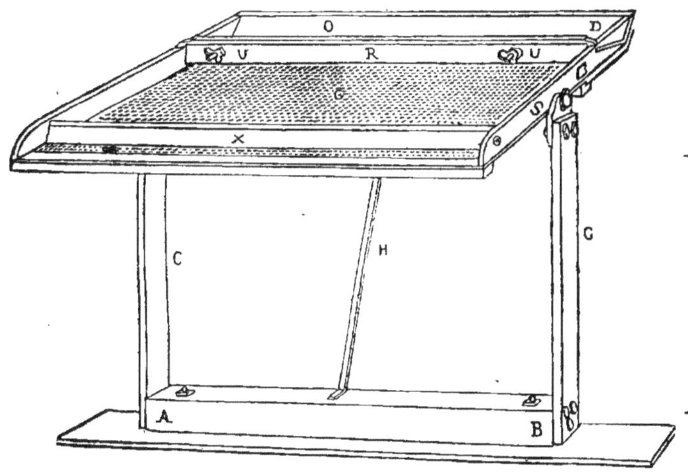

Fig. 2. — Trieur des grains de MM. Vachon (modèle à surface plane).

Du blé à trier étant donné, on en place la valeur d'un litre à peu près dans le premier compartiment OD ; URU, qui est muni supérieurement d'une plaque de tôle mince, trouée, servant d'*émotteur*. La terre, les pierres, les grains très-gros, les fèveroles, les pois carrés, etc., restent sur cette lame ; le reste tombe au-dessous et vient passer sous la règle URU, dont l'écartement est facultatif à l'aide des deux vis UU.

Dès ce premier temps, l'appareil a été mis en mouvement de *sas* latéral et continuel. La chose est facile, puisque la table est supportée par deux lames de bois flexible CC, solidement boulonnées sur la traverse AB, qui elle-même fait corps avec le plancher à l'aide des deux forts boulons visibles en A et en B.

Revenant à notre point de départ, nous comprenons très-bien que le grain remué ainsi que nous l'avons dit se répandra sur la table G. Comme celle-ci est inclinée de O en X, tous les gros grains qui ne seront pas retenus prisonniers arriveront sous la règle X, et là, une poche de toile les attend pour les conduire dans un récipient quelconque.

Quand ils y sont tous entrés, on fait basculer la table sens dessus dessous, ce qui est facile, puisqu'elle pivote au point S et au point correspondant de l'autre côté. La courroie H, qui sert à maintenir le degré de pente dont nous venons de parler plus haut, empêche encore ici la table de faire une révolution complète.

Quand donc la face G est retournée, la majeure partie des grains logés dans les alvéoles tombent naturellement. Pour ceux qui y seraient un peu serrés, il suffit de frapper un coup sec sur le fond de la table, pour les envoyer rejoindre les autres sur le plancher où tous ces déchets viennent se réunir.

Voilà, dans toute sa simplicité, ce qu'était le trieur de MM. Vachon à son début. Il était déjà bien précieux, mais il n'était pas encore assez parfait. Le travail était intermittent ; c'était un inconvénient.

Depuis lors, les inventeurs l'ont modifié ; ils l'ont rendu *à travail continu* à l'aide de changements de formes qu'il serait trop long de décrire ici, sans gravure surtout. Nous renverrons donc au *Bulletin de la Société d'encouragement* du mois de juillet dernier (n° 14) les personnes qui voudraient connaître ces perfectionnements qui ne concernent en rien le principe, du reste (1).

On trouvera dans ce *Bulletin*, indépendamment d'une gravure très-bien

(1) Nous en publierons aussi très-prochainement le dessin et la description dans le *Journal d'agriculture pratique* à propos de notre série d'études sur la ferme de la *Compagnie agricole et sucrière de Bresles* (*Oise*), qui se sert de ce trieur avec le plus grand succès. La figure de ce *trieur cylindrique* est à la gravure.

faite, un excellent article de notre collègue M. Moll, qui résume ainsi les avantages du nouveau *trieur cylindrique :*

1° Il *ventille,*

2° Il *émotte,*

3° Il *crible,*

4° Il *trie.*

Les premiers modèles pareils à celui que nous venons de décrire coûtent, sans trémie, de 125 à 250 fr., avec trémie, de 150 à 275 fr. Ils pèsent de 65 à 160 kilogrammes.

Les nouveaux coûtent, avec ventilateur, de 350 à 500 fr.

Les premiers peuvent, d'après les inventeurs, trier dans douze heures, de 10 à 20 hectolitres de blé, les seconds de 16 à 44 hectolitres.

M. Moll assure qu'avec un seul enfant de quatorze ans, qui fait marcher ce dernier modèle la journée entière de douze heures, il a pu, avec un homme en plus, faire exécuter les quatre opérations ci-dessus indiquées sur 10 à 18 et 20 hectolitres.

Nous nous sommes servi de l'appareil primitif à notre ferme de Villeroy, et nous en avons toujours été content, bien que nous n'ayons jamais pu obtenir, normalement, la quantité de travail indiquée par MM. Vachon sur leurs prospectus.

Le seul reproche grave que nous ayons eu à faire à ces messieurs, c'est de tenir leurs prix trop élevés. M. Moll a payé le sien 350 fr. (dernier modèle), et il trouve que c'est un prix modéré. Nous ne sommes pas tout à fait de son avis, en considérant la *valeur intrinsèque* de l'appareil. Si maintenant il s'agit des avantages qu'on en retire, le prix n'est rien en effet; mais ce n'est pas là une raison pour encourager les inventeurs dans un excès dans lequel ils tombent tous : celui des hauts prix que protège le monopole. Nous pensons, que tout en rendant plus de services, les inventeurs gagneraient au moins autant d'argent en se contentant de bénéfices moindres ; ils se rattraperaient sur la quantité.

Quoi qu'il en soit, et ces réserves faites pour l'acquit de notre conscience, nous recommandons ce trieur de la manière la plus absolue. Dès la première année, le prix d'achat est certainement couvert par les avantages qu'on a pu en retirer, si on a bien su s'en servir, soit pour ses propres semailles, soit pour la vente du blé de semence, soit même pour celle du blé ordinaire de meunerie.

Au moment où cette *Chronique* paraîtra, une des grandes questions qui se trouvera aussi à l'ordre du jour sera assurément celle de nos récoltes de vins, sur laquelle on a bien quelques trop légitimes inquiétudes.

Nous aurions été bien heureux si, à l'occasion du concours ouvert par la Société d'encouragement, nous avions pu donner quelques bons renseignements sur les moyens proposés pour guérir la terrible maladie de la vigne. Malheureusement, rien de très-saillant ni de décisif n'a été révélé à la commission, ainsi qu'on a pu le voir dans le remarquable rapport de notre collègue et ami M. Barral. Le soufre seul a continué à justifier quelques-unes des espérances qui avaient été conçues, mais elles sont loin d'avoir été toutes ratifiées. Nous citerons à ce sujet les communications qui ont été faites récemment à l'Académie des sciences par M. Decaisne. Il résulte des expériences suivies par lui avec beaucoup de soin au Jardin-des-Plantes, que la fleur de soufre est loin d'être un spécifique assuré.

En sera-t-il de même du nouveau procédé que préconise M. Crognet? Nous espérons que non, sans cependant pouvoir encore le garantir, et cela d'autant moins, qu'il a précédemment échoué entre les mains de quelques expérimentateurs. Toutefois, comme nous l'avons essayé et que nous avons obtenu le succès le plus complet, tel qu'il avait été annoncé, nous le rapporterons ici, afin qu'on puisse multiplier les expériences.

Rien n'est plus simple ni d'une application plus facile. Voici comment nous avons opéré, d'après les indications de l'auteur :

Nous avons mis 1 litre de bon vinaigre d'Orléans dans 2 litres d'eau ordinaire, et nous avons trempé les grappes malades dans ce mélange en portant un vase successivement sous chacune d'elles. Après avoir haussé le récipient de façon à rendre le bain *complet,* nous avons pris la grappe par la tige, nous l'avons *agitée* avec précaution, mais avec force, ayant remarqué que certaines parties ne se mouillaient pas facilement. Nous avons continué, en n'exceptant que quelques raisins pour nous réserver un terme de comparaison.

Ainsi que l'auteur l'avait annoncé, la maladie a disparu presque instantanément; les grappes immergées sont actuellement très-bien portantes et, sur le même pied, les autres sont complétement perdues.

D'après notre expérience personnelle, nous pensons qu'il faut choisir le moment où les grappes sont déjà *mouillées* par la pluie ou la rosée, sauf à augmenter la dose du vinaigre. Quand les grains sont séchés par l'air ou le soleil, ils se mouillent moins complétement bien. On en sait la raison, qui tient à l'espèce de couche cireuse qui recouvre la pellicule. Comme, en somme, ce procédé est une véritable cautérisation, il importe d'atteindre toutes les parties qu'on veut détruire. Les moments que nous venons d'indiquer sont ceux qui conviennent le mieux pour cela ; c'est, du moins, ce que nous avons constaté comme nous le disions tout à l'heure.

L'année prochaine, nous recommencerons l'expérience plus en grand, et nous en reparlerons en son temps.

Nous suivrons également celui que M. Gauchy vient de proposer à l'Académie des sciences et que le *Cosmos*, qui est toujours si bien au courant des nouvelles et utiles découvertes, rapporte dans son dernier numéro.

Le moyen est au moins aussi simple que le précédent. Il consiste à faire baigner les ceps, en évitant de mouiller les feuilles de la vigne, dans un liquide formé de 3 litres d'eau et contenant en dissolution 500 grammes de sel marin.

Quant à présent, il convient, en attendant, de ne pas passer sous silence le remarquable travail que vient de publier M. Dubrunfaut sur le SUCRAGE DES VINS. C'est un sujet tout à fait de circonstance, tant à cause de l'époque de l'année qu'à cause des dégâts trop réels que la maladie nous a encore causés cette année.

Nous ne décrirons pas l'opération que chacun connaît, dans les pays vignobles surtout. *Chaptal* fut un des plus chauds et des plus influents promoteurs de cette méthode, qui en a même conservé le nom.

Quant au principe en lui-même, il est connu des vétérinaires, qui savent parfaitement bien que sous l'influence du ferment toute matière sucrée se transforme ; que le sucre, raffiné notamment, est modifié de telle façon, qu'il se décompose avant la fermentation en deux espèces de sucres nouveaux qui se produisent à équivalents égaux : l'un, le sucre concret dit *sucre de raisin;* l'autre, un sucre liquide incristallisable, analogue à celui que Bouchardat a découvert dans le sucre d'inuline; c'est-à-dire enfin, en deux espèces de sucre parfaitement *identiques* et proportionnellement les mêmes que celles qu'on trouve dans les corps sucrés des raisins arrivés à complète maturité.

Jusqu'à présent, les produits divers qui avaient été employés pour *chaptaliser* les vins, pour les *procéder,* comme on dit encore, laissaient après eux un goût propre qui masquait ou contrariait le bouquet du cru. Les moscouades de canne, les sirops de fécule, le miel, etc., étaient particulièrement dans ce cas. Or, c'est précisément en ceci que le procédé proposé actuellement par M. Dubrunfaut acquiert un cachet particulier de haute utilité. C'est que les sucres de canne, ou de betterave, qu'il préconise, ou tous autres, pourvu qu'ils soient *raffinés,* ne présentent aucun de ces inconvénients, et ils conservent à la méthode tous ses avantages que l'auteur résume à peu près ainsi :

« Certitude de *régulariser* la *qualité* des vins au niveau des grandes années, et d'en augmenter au besoin la *quantité* dans les années de récoltes mauvaises ou insuffisantes. »

Certes, voilà un programme bien séduisant; mais ce qu'il y a de mieux, c'est qu'il est *positivement* réalisable. Il n'y a aucun doute à ce sujet. Il y a seulement une légère difficulté; c'est celle de l'impôt qui pèse sur nos sucres.

Les prix de revient actuels sont assez bas pour qu'on puisse très-avantageusement employer les sucres à refaire *sûrement* nos récoltes manquées ; mais l'impôt qui les grève ne permettrait pas d'y songer, s'il était maintenu.

Comme il ne nous appartient pas de traiter de ce sujet ici, nous dirons seulement que M. Dubrunfaut a adressé une pétition au ministère pour lui demander le dégrèvement en ce qui concernerait les sucres destinés à cette opération. Il établit, ce qui est très-évident, que le trésor n'aurait pas à en souffrir, puisque la consommation du sucre pur ne serait pas diminuée. Nous renvoyons pour ce sujet à la brochure que l'auteur vient de publier à la librairie Bouchard-Huzard.

Quant à présent, nous dirons seulement qu'il y est établi, que 1700 grammes de sucre *raffiné* peuvent développer 1 centième d'alcool pur dans un hectolitre de moût. Il faudrait donc employer autant de fois 1700 grammes de sucre que l'on désirerait produire de centièmes d'alcool par chaque hectolitre de vin.

Or, dans le plus grand nombre des cas ordinaires, cette même quantité de vin ne devant pas recevoir une *addition* de plus de 2 à 3 centièmes d'alcool, ce serait donc de 3 kilogrammes ½ à 5 kilogrammes de sucre qu'il faudrait par hectolitre de vin, soit de 8 à 12 kilogrammes par pièce (1).

La voilà donc réellement établie, cette redoutable concurrence, que le Midi craignait tant, entre la vigne et la betterave. On s'était alarmé de la transformation de celle-ci en alcool pur ; mais ce n'était qu'un premier pas qui, seul, eût été insuffisant pour détrôner l'adversaire qui gardait toujours son bouquet, son parfum, etc. ; aujourd'hui, la question est résolue à l'avantage de tous, sans l'être au détriment de personne. La vigne garde ses avantages propres, la betterave vient seulement nous offrir les moyens de les augmenter. Ce n'est certes pas là un concours à dédaigner, dans les circonstances actuelles surtout ; aussi, nous espérons bien que l'intérêt général y trouvera son compte, chez le producteur comme chez le consommateur.

Quoi qu'il en soit de l'avenir du procédé, dans lequel nous avons la plus entière confiance, il restera toujours à ces derniers à se prémunir contre les fraudes dont ils ne peuvent manquer d'être l'objet, surtout à cause des hauts

---

(1) Voici quelles sont les quantités normales d'alcool pour 100 parties que contiennent quelques-uns des principaux vins et deux des boissons les plus usuelles :

Marsalla	23.83	Ermitage	15.50	Pouilly blanc	9.00
Madère rouge	20.52	Syracuse	14.06	Cher	8.70
Porto	20.00	Narbonne	13.00	Mâcon rouge	7.66
Ténériffe	18.20	Beaune blanc	12.00	Chablis blanc	7.33
Xérès	17.63	Côte-Rôtie	11.30	Orléans rouge	7.00
Roussillon	16.68	Bordeaux	10.10	Cidre	4 à 6.70
Johannisberg	15 à 16.00	St-Emilion rouge	9.18	Bière	1 à 4.50

prix et en attendant que les derniers décrets de réduction de droits d'entrée puissent produire leur effet.

Ces droits, on le sait, viennent d'être ramenés à 15 fr. l'hectolitre d'alcool pur pour les eaux-de-vie étrangères, qui pourront désormais entrer en France. C'est là une bonne et sage mesure, en présence des événements. Le trésor y perdra peu, d'ailleurs, car il ne percevait pas plus de 45,000 fr. sous le régime des anciens tarifs, qui étaient de : 50 fr. pour les eaux-de-vie de vin, 200 fr. pour celles de cerises, 20 fr. pour celles des mélasses de nos colonies, et de 200 fr. pour les rhums, les tafias et les *rack* ou eaux-de-vie de rhum étranger. Les vins de liqueur ne payeront plus que 25 centimes par hectolitre au lieu de 110 fr. (décret du 5 octobre).

— Nous avons parlé dans notre dernière *Chronique* d'une boucle excellentissime, suivant nous, qui est appelée à rendre de véritables services dans bien des circonstances, soit pour les harnais employés dans le civil, soit pour les harnachements militaires, soit enfin dans la pratique vétérinaire, quand il s'agit d'abattre les chevaux en se servant des *entravons*.

Nous avons promis de revenir sur une invention du même auteur, M. Orad Blatin, et nous nous exécutons avec autant plus de plaisir que celui-ci a bien voulu nous mettre à même de reproduire le dessin de son *arcanseur* dont nous n'avions dit que quelques mots.

Nous sommes, d'ailleurs, d'autant plus à notre aise pour en parler, que M. Orad Blatin ne fait pas une spéculation de quoi que ce soit qu'il invente. C'est un apôtre ardent de tout ce qui concerne le bien-être des animaux, et, à ce seul titre, il mérite bien nos encouragements, et cela d'autant mieux que l'arcanseur dont il est question est très-bon ; on va pouvoir en juger.

Le principe sur lequel repose cet appareil est fort simple, il a même l'air de l'être dans une certaine acception du mot. Il repose entièrement sur ce fait, à savoir : que, si une roue en marche rencontre un obstacle qu'elle ne peut surmonter, elle se trouve forcément enrayée.

On ne voit rien de bien nouveau dans cet énoncé, qui semble être du Lapalisse tout pur ; mais cela ne nous fait rien, pourvu que nous puissions bien nous faire comprendre.

Ceci posé, arrivons à l'application pratique. Une cale ordinaire, on le sait encore, sert habituellement pour obtenir l'état stationnaire que nous venons d'indiquer ; mais, si la difficulté de s'en procurer n'est pas grande en certains cas, il en est d'autres cependant où l'on n'a pas toujours un corps convenable à sa portée, et, disons plus, on s'aperçoit bien souvent qu'on aurait eu besoin d'une cale alors que l'accident est déjà arrivé.

Partant de ce fait pratique si commun et si connu, M. Orad Blatin a d'abord cherché à appliquer aux équipages à deux roues une cale qui fût rigoureusement en permanence et à la disposition, non pas du charretier trop souvent inattentif, mais bien à celle du cheval lui-même pour ainsi dire. C'est dans ce but qu'il a fait construire le petit appareil dont voici le dessin.

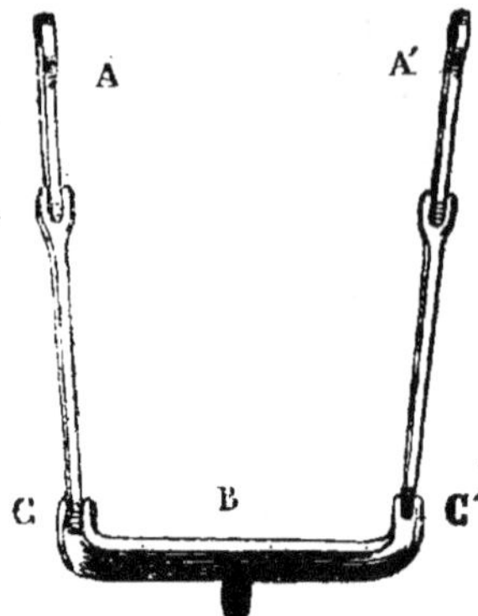

Fig. 3. — Arcanseur se plaçant derrière chaque roue.

Un fort morceau de fer CBC', formant patin, est articulé avec les deux branches AC A'C'. La longueur de chaque branche est calculée de façon à ce qu'elle soit *égale au rayon de la roue* à laquelle il s'agit d'appliquer l'appareil; plus ou moins, peu importe : l'essentiel est que le *point de centre* ne soit pas le même.

Ces précautions étant prises, on fixe le point A au-dessus de l'essieu même de la roue, à la face interne du limon, mais toujours près de l'heurtoir, et le point A' à l'extrémité de la fusée correspondante, soit dans la lumière où entre la clavette qui fait alors partie de l'appareil, soit au chapeau de l'écrou.

Si nous supposons cet arcanseur placé de manière à ce que la pièce CBC' soit située *derrière* la roue, au-dessous d'une ligne horizontale qui la couperait par la moitié, on concevra très-bien qu'elle restera dans la position donnée, puisque nous avons dit que les tringles AC A'C' étaient *à peu près de la même longueur que le rayon de la roue* elle-même, mais que le point de centre était placé plus haut.

Citons une figure simple pour bien faire comprendre l'importance de ce principe fondamental : Ouvrez un compas et tracez un cercle d'une grandeur quelconque. En conservant le même écartement, piquez la branche centrale un peu *au-dessus* du centre précédent et marquez un cercle complet. Vous aurez alors deux points d'intersection qui donnent la clef du système.

En effet, coupons par la pensée ce second cercle en quatre parties égales et à angles droits, et ne gardons qu'un des segments supérieurs que nous supposerons fixé à son point le plus élevé par un boulon formant pivot. La partie libre viendrait alors frotter contre le premier cercle que nous appellerons roue.

Si nous concevions cette roue dentée comme celle des *crics,* nous comprendrions très-bien que si elle tournait du côté de l'ouverture des dents, notre segment-arcanseur ferait obstacle, comme cela a lieu dans le cas que nous citons.

Eh bien, c'est *précisément l'inverse* qui a lieu ici. Les roues de voitures ne sont pas dentées, mais le frottement produit le même effet. L'extrémité libre tendant toujours à rentrer dans l'intérieur pour suivre sa courbe qui est déterminée par son point de centre, rencontre un obstacle auquel elle oppose elle-même le sien : et comme les résistances de chacun sont combinées exprès, elles ne peuvent se vaincre ni l'une ni l'autre, et il y a *enrayement*.

Dans notre prochaine *Chronique* nous donnerons, d'ailleurs, la figure de cette démonstration de principe. En attendant, continuons en nous reportant à l'exemple précité, celui de l'arcanseur reposant sur la partie postérieure de la jante.

Si, dans cette situation, on met la roue en marche d'arrière en avant et de bas en haut, c'est-à-dire dans le sens que lui imprime le tirage du cheval, le bandage frottera contre la partie B et tendra, en passant, à relever l'appareil. Celui-ci conservera alors toujours sa position, à cause de son poids, sans jamais faire obstacle à la marche en avant.

Mais si, par une circonstance quelconque, naturelle ou accidentelle, la roue tournait en arrière, la jante ferrée frotterait de plus en plus vigoureusement contre le point B pour l'entraîner avec lui dans sa course. Or, comme nous avons vu que les tiges AC et A′C′ sont aussi longues que les rayons de cette roue, mais que le *point de centre est supérieur, jamais* la plaque CBC′ ne pourra être conduite plus loin que le point tangent ou, pour mieux dire, point d'*intersection* des cercles tracés par un même diamètre, mais ayant des centres différents.

On comprend tout de suite alors que le frottement se transformera aussitôt en obstacle, comme nous le disions plus haut, c'est-à-dire en cause d'arrêt, c'est-à-dire, qu'enfin la roue sera *calee*. C'est là que nous voulions en venir. On ne peut alors détruire cet obstacle qu'en marchant en avant ou en relevant le patin. C'est dans ce but qu'on a ménagé un anneau en face de B. Là, on passe une corde qui est fixée à la cage de la voiture. Quand on veut suspendre l'action de l'arcanseur, on le releve avec cette corde; quand on veut qu'il fonctionne au contraire, on le laisse retomber, et les choses se passent comme nous venons de le dire.

Ceci étant compris, le restant s'explique tout seul.

A la place de ce petit arcanseur que nous venons de décrire pour faciliter la démonstration du principe, M. Orad Blatin a fait un véritable appareil complet.

Derrière la voiture (Fig. 4), on a mis l'appareil isolé que représente la figure 5. E est une plaque de support commune aux deux bras B B′.

Les extrémités des tringles A et A′ sont fixées sur la face interne du limon, mais toujours près et au-dessus de l'heurtoir, et les sabots-patins C C′ portent sur la roue exactement de la même manière et dans les mêmes conditions que nous venons d'indiquer plus haut.

En supposant maintenant l'appareil posé comme il est figuré dans la planche 4, le cheval épaulant à droite, on voit très-bien ce qui arrive : la roue du même côté tend à reculer, le patin C fait obstacle et la roue de gauche avance d'autant plus facilement. Quand celle-ci sera assez avancée, la manœuvre inverse produira l'effet contraire, et il en sera ainsi de suite jusqu'à ce que la difficulté soit complétement vaincue, chaque roue servant al-

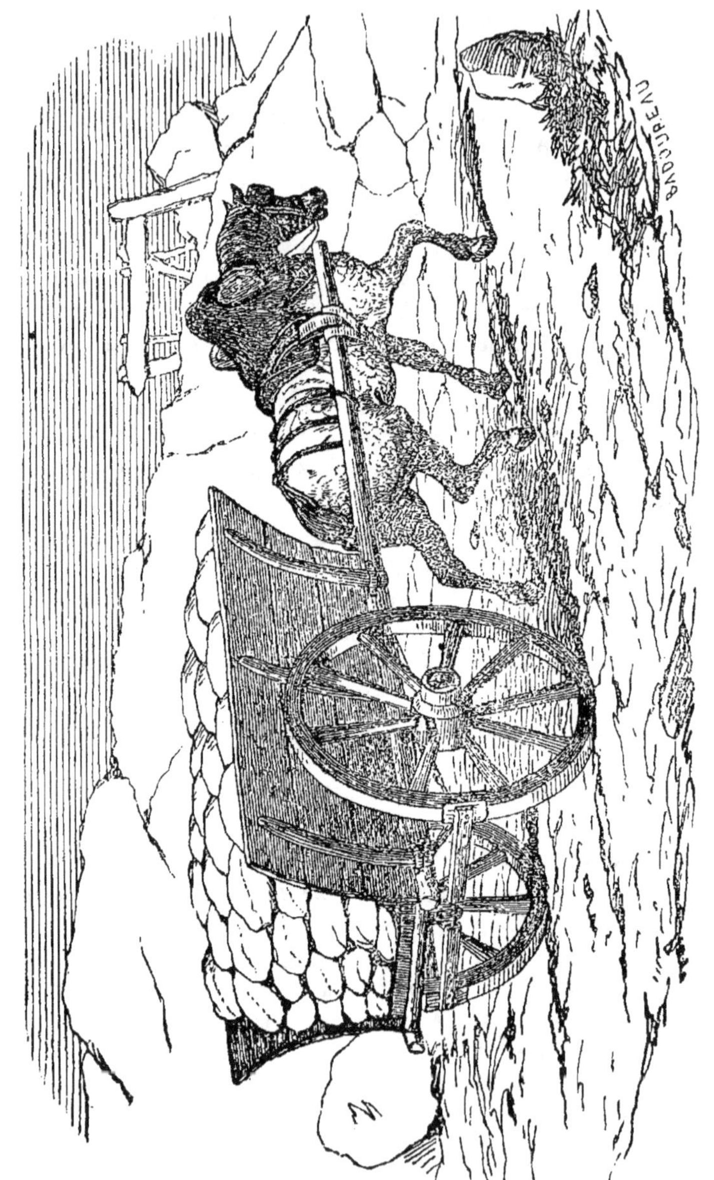

Fig. 4. — Voiture munie d'un arcanseur et tirée par un cheval *épaulant* ou *arcansant* à droite.

ternativement de pivot et traçant des fractions de cercles en sens inverse les uns des autres, la droite par rapport à la gauche.

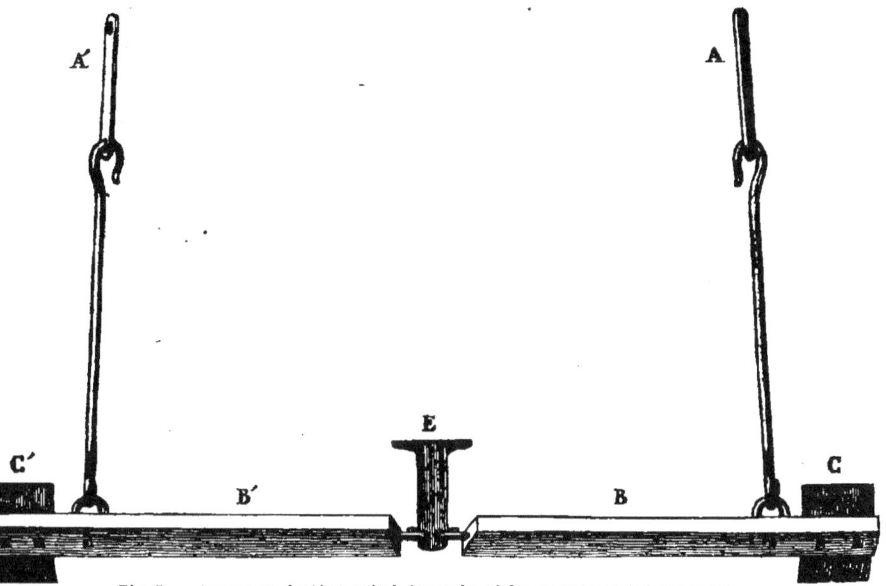

Fig. 5. — Arcanseur isolé et prêt à être adapté à une voiture à deux roues.

Nous pensons avoir fait assez comprendre les détails de ce mécanisme pour n'avoir plus à y revenir.

Quant aux avantages qui en ressortent, ils frappent immédiatement la pensée de celui qui connait un peu le travail des chevaux. Nous les résumerons ainsi :

L'arcanseur soulage dans leur travail les moteurs animés, homme ou cheval, qui traînent de lourdes charges avec des véhicules à deux roues.

Il ne crée pas la force, mais il permet d'employer plus utilement celle qui est trop souvent dépensée en pure perte. Il est disposé de manière à caler solidement les roues, tout en les laissant libres de se mouvoir dans le sens de la progression.

Quand l'arcanseur fonctionne, le brancard, qui n'était auparavant qu'un organe de traction, agit à la manière d'un *levier* coudé, inter-fixe, d'une grande puissance.

Le cheval, en épaulant, se sert instinctivement de ce levier pour vaincre une résistance que la traction directe n'a pu surmonter.

L'homme attelé peut aussi l'utiliser, soit par des impulsions latérales, soit, de plus, par l'élévation ou l'abaissement successif du timon ou des brancards de sa voiture. Au moment où ceux-ci se rapprochent du sol, les roues, saisies par les sabots de l'appareil, sont énergiquement poussées, entraînées en avant, et, en répétant la manœuvre, on arrive au sommet d'une côte par la seule puissance du levier qui multiplie ici singulièrement la force.

Ce même arcanseur peut encore *aider au recul*. Dans ce cas, il suffit de placer les sabots sur la partie antérieure du cercle de la roue; ce qui est possible seulement, dans les exemples que nous avons cités ici, quand il est disposé comme dans la figure 3.

Il n'entre dans la construction de ces appareils aucun organe bien coûteux, fragile ou d'une exécution difficile. Ils ont un caractère de simplicité d'action et de manœuvre tel que ni la routine, ni la paresse ne peuvent leur faire obstacle.

Ce n'est pourtant pas là tout; par suite de perfectionnements récents, il y a d'autres avantages que nous n'avons pas encore indiqués. Les voici :

Par des combinaisons fort simples que nous ne pouvons plus songer à détailler ici, à cause de la longueur de ce qui précède, M. Orad Blatin a transformé son appareil en véritable machine à effets multiples.

1° Elle servira pour *arcanser*, comme nous venons de l'indiquer, pour *louvoyer* dans les côtes pourrait-on dire, et enfin pour *enrayer* sûrement au moindre accident, à la plus légère interruption de tirage.

2° A l'aide d'un levier d'appel qui se trouve placé sous la main du charretier, à l'endroit habituel, cet arcanseur devient une véritable *machine à enrayer* comme à l'ordinaire.

3° Enfin, en déplaçant la position des patins C et C′, en les amenant au-devant de la roue, comme nous le montrerons prochainement à l'aide d'une figure, on obtient les mêmes facilités pour le *recul* que celles que nous avions tout à l'heure pour monter une côte.

C'est aux vétérinaires qu'il appartient le plus, incontestablement, d'étudier et de faire connaître toutes les bonnes inventions de ce genre. Celle-ci doit désormais prendre place dans la série des principes que les hommes du métier indiqueront comme devant présider à la gouverne des animaux. Si les propriétaires entendaient bien leurs intérêts, ils n'auraient plus une seule voiture de route qui ne fût pourvue de ce triple appareil et du précieux TUTEUR DU LIMONIER, sur lequel nous reviendrons très-prochainement aussi.

C'est par l'étude de ces faits pratiques que le vétérinaire doit acquérir la somme de considération à laquelle il a droit quand il travaille ainsi à des questions d'intérêt général, qui ne l'obligent en rien à négliger ses intérêts privés.

Avec les détails qui précèdent, chacun peut faire construire des appareils plus ou moins analogues à ceux que nous venons de décrire. D'ailleurs, ainsi que nous l'avons dit, M. Orad Blatin ne cherche point à tirer profit de ses inventions, fort nombreuses déjà cependant et brevetées néanmoins. Son plus vif désir, c'est qu'elles soient utiles et profitables à tous; aussi pouvons-nous garantir qu'il se ferait un véritable plaisir de donner de plus amples renseignements à ceux qui lui en demanderaient.

Nous avons été conduit plus loin que nous ne l'aurions voulu, et plus loin surtout que ne le comporte le cadre restreint dans lequel doit naturellement se resserrer cette *Chronique*. Nous ne la terminerons pas, cependant, sans dire encore quelques mots de certaines questions qui sont fort à l'ordre du jour dans les hautes régions académiques.

Et, tout d'abord, nous ne tairons pas le regret que nous éprouvons de voir certaines communications, se rattachant cependant à la vétérinaire plus ou moins agricole, n'être faites que par des personnes le plus souvent étrangères à la profession. Il est toujours fâcheux de laisser empiéter sur son terrain. Nous en citerons pour preuve les recherches qui se continuent en ce moment sur quelques parasites de nos animaux domestiques.

Quoi qu'il en soit, nous devons appeler l'attention sur les faits révélés, puisqu'ils intéressent à un très-haut point une des plus grandes parties de notre richesse agricole; le mouton, notamment en ce qui concerne une maladie fort grave, le *tournis*.

Le point de départ des études dont nous parlons a été la série d'expériences faites par MM. Küchenmeister et Leuckart sur le développement des vers intestinaux et leur mode de transformation d'un animal à l'autre.

Ce dernier nourrissait des souris blanches dans deux cages distinctes. Il mit dans les aliments destinés aux animaux contenus dans l'une d'elles, des œufs de *tænia crassicollis,* et bientôt les pauvres petites bêtes furent infestées de cœnures, bien que, comme par le passé, les autres n'en eussent aucune trace.

En continuant des expériences analogues, M. Van Beneden a été amené à constater que des œufs de *tænia solium,* rendus par une femme et donnés à un porc, s'étaient transformés en cysticerques complétement développés; d'où l'auteur tirait cette conclusion, qu'il énonçait à l'Académie royale de Belgique : Les vers-vésiculaires ou cysticerques sont des ténioïdes incomplets.

D'après tous les travaux de ce genre qui viennent de se produire, le *Cosmos* a été conduit tout récemment à tirer des conclusions qu'il serait intéressant à tous égards de vérifier. Ce recueil encyclopédique assure, en effet, ce qui suit, conformément à ce que contiennent les mémoires académiques qu'il lui a été donné de consulter :

« Les cœnures adultes vivent et se développent dans l'intestin du chien et forment le *tænia cœnurus,* que l'on a confondu jusqu'à présent avec le *tænia serrata*. La maladie connue sous le nom de *tournis* se propage ainsi : les bergers coupent la tête des moutons atteints de cette affection et la jettent aux chiens, qui avalent, avec le cerveau quand ils peuvent l'atteindre, les cœnures renfermés dans cet organe.

« Dans l'intestin des chiens, ces cœnures deviennent des ténias; ils ont alors quelquefois jusqu'à 300 têtes ; et, comme chaque tête peut produire un ténia, la multiplication devient excessive.

« Les chiens suivant les moutons dans les parcours, ils évacuent les proglottis chargés d'œufs en même temps que leurs excréments; ces œufs sont ainsi semés sur l'herbe que le mouton doit brouter. Si les prairies humides sont plus favorables au développement de cette maladie, c'est parce que les proglottis et les œufs s'y dessèchent plus lentement.

« On a fait de la manière suivante les expériences qui ont conduit aux communications dont nous parlons :

« On a fait avaler des proglottis par des brebis, et peu de temps après elles ont manifesté tous les symptômes du *tournis*. On les a tuées, et on a trouvé dans leur cerveau des cœnures vivants.

« De ces expériences, répétées en même temps à Berlin et à Giessen, il résulterait, si elle continue à se confirmer, que la transformation des proglottis en cœnures, et des cœnures en ténias, est aujourd'hui un fait incontestable. »

On trouvera ces dernières expériences rapportées assez au long dans les *Comptes rendus de l'Académie des sciences* de cette année, et notamment dans celui du 3 juillet 1854, p. 46. Nous nous bornons à y renvoyer ceux de nos lecteurs qui voudraient suivre cette intéressante question.

On parle beaucoup aussi, en ce moment, d'un procédé proposé par M. Bitterlin pour *sauver les chevaux dans les cas d'incendie*. Mieux que tous autres, les vétérinaires sont placés pour nous renseigner sur la valeur d'une méthode qui serait bien précieuse si elle était bonne, comme on le dit. On n'éprouve, d'ailleurs, aucune répugnance à y avoir quelque confiance.

Il suffirait, dit l'auteur, d'envelopper la tête des animaux avec une couverture mouillée. L'idée n'est peut-être pas neuve, mais n'importe Il serait intéressant de pouvoir appuyer cette méthode sur des faits, et, nous le répétons, plus que tous autres les vétérinaires sont à même de le constater.

M. Bitterlin n'a guère cité que des expériences faites avec de la paille et tout exprès. Il serait donc important de vérifier si avec le bruit, le mouvement, la chaleur, la fumée et tout ce qui accompagne ces tristes scènes de désolation et de ruine, on pourrait réellement sauver ces pauvres bêtes, qu'on a habituellement tant de peine à mettre à l'abri d'un pareil danger.

C'est dans ces moments-là aussi que le service d'une bonne *pompe* devient précieux. Malheureusement, nous sommes assez généralement mal équipés dans nos fermes, où presque toujours ces précieux appareils se détraquent trop facilement. Il serait donc bien utile de voir les prévisions de M. Jobard se réaliser. Bien qu'il n'ait pas la priorité de l'idée, ainsi qu'il l'a avoué lui-même, nous serions curieux de savoir qu'on a mis en pratique le procédé qu'il propose après MM. Guibal d'abord et Jules Michel (de Cette) ensuite.

Il ne s'agit de rien moins que d'une pompe d'un nouveau système, sans piston ni clapet. L'écrasement intermittent d'un tuyau de caoutchouc, dans lequel l'eau pénètre, suffit pour faire mouvoir le liquide par un mécanisme analogue à celui des doigts agissant sur le trayon d'une vache. Sitôt que nous saurons quelques bonnes applications, nous reviendrons sur ce sujet.

En attendant, et puisqu'aujourd'hui nous commençons un peu à être rassurés sur les effets du décret qui a abaissé les droits d'entrée sur les bestiaux, il est permis de songer aux moyens qui peuvent procurer dans les campagnes cet aliment animal dont elles ont si grand besoin et que nous sommes bien éloignés encore de pouvoir leur procurer par nous-mêmes.

Nous ne parlerons pas du rêve de la *vie à bon marche*, pour lequel M. Delamarre vient de consacrer récemment tout un volume empreint à chaque page de bonnes et honnêtes intentions dont nous ne doutons nullement; mais, sans refuser de croire entièrement à la possibilité d'une réalisation partielle de ses vœux, qui sont les nôtres à cet égard, rappelons cependant qu'il n'est pas impossible, dès à présent, de songer à quelques améliorations qui ont au moins le grand mérite d'être à notre portée actuellement.

Sous quelque forme qu'on l'entende, l'usage de la viande doit être préconisé, et en en propageant l'idée et, mieux en la mettant en pratique, le vétérinaire travaillera dans son propre intérêt, parce qu'il est lié forcément à sa production. Or donc, jusqu'à ce que les bonnes règles qu'il faut suivre pour arriver à ce résultat désirable aient produit des effets appréciables, nous ne voyons pas pourquoi nous n'aurions pas recours à l'étranger, voir même à celui dont la position exceptionnelle permet, malgré les distances, de combler une partie du déficit que nous avons.

L'Amérique est particulièrement dans ce cas, et on commence déjà, fort heureusement, à la mettre à contribution; seulement, comme la question est toute neuve, il en est résulté quelques incidents dont nous croyons utile de prévenir les lecteurs du *Recueil*.

Il faut qu'on apprenne, souvent à ses dépens, les habitudes des autres nations, et c'est ce qui est arrivé récemment. Un négociant français ayant mal défini la qualité de la viande de porc qu'il désirait, n'a reçu qu'une qualité inférieure à celle qu'il demandait. Comme l'incident est nouveau, on nous saura gré de nous en servir pour établir des faits importants, on va le voir, en matière de commerce.

Comme partout ailleurs, les viandes sont classées en Amérique par qualités. L'une d'elles, la quatrième, portant le nom de *prime*, il est arrivé qu'on a confondu les choses et que, croyant désigner la première qualité, réellement on n'avait demandé que la quatrième, tout au plus la seconde.

Rétablissons donc les faits, afin qu'on puisse s'éviter à l'avenir de pareilles erreurs.

Qu'il s'agisse de viande de bœuf (*beef*) ou de viande de porc (*pork*), chacun de ces mots est précédé de termes qui caractérisent les qualités équivalentes aux nôtres dans l'ordre suivant :

1re qualité : *Claer;*
2e — *Prime-mess;*
3e — *Mess;*
4e — *Prime;*
5e — *Cargo.*

Le *claer* se distingue non-seulement par le choix des morceaux, mais encore, pour le cochon notamment, par l'épaisseur de la graisse, qui fait que sur certains de nos marchés ils seraient trouvés trop gras.

Le *prime-pork*, par exemple, est embarillé d'après des règles d'inspection qui exigent que dans chaque fût il n'entre pas plus de 3 épaules, 10 à 11 kilogrammes de morceaux de tête, prescrivant d'en former l'appoint avec des pièces des côtes, du cou et autres analogues.

Quant au *cargo*, il n'en existe que de très-faibles quantités, parce que les morceaux de tête et de cou qui doivent le composer presque exclusivement sont le plus souvent séchés et fumés.

Comme les vétérinaires peuvent être consultés sur ce point, nous avons tenu à leur donner ces renseignements (1). Nous voudrions qu'ils le fussent plus souvent quand il s'agit de choses qui nous sont plus directes encore et sur lesquelles nous voulons, en terminant, appeler leur attention.

Jusqu'à présent, les marchands de vaches n'avaient guère eu que l'habitude de raser la queue et les parties postérieures des génisses, mais ils ne touchaient pas aux mères. Depuis que la publicité s'est emparée, sous toutes les formes possibles, des indications que peut fournir la méthode Guénon diversement commentée, ces messieurs, tout en la raillant à leur aise, ont jugé à propos d'étendre l'opération sur tous les sujets qu'ils mettent en vente.

---

(1) Nous les compléterons bientôt, car nous venons d'écrire directement au Havre à ce sujet. La question devient, en effet, chaque jour plus importante. Quand nous avons écrit cette *Chronique*, les droits étaient encore de 11 fr. par 100 kilogrammes. Aujourd'hui, ils sont pour ainsi dire supprimés, puisque le décret du 5 octobre vient de les réduire à 50 centimes, c'est-à-dire à un simple droit utile comme enregistrement de renseignements.

Tout dernièrement encore, à la suite de la foire de Rambouillet, un ancien élève de Grignon, M. Auguste Labbé, nous écrivait pour nous signaler ce fait, en nous demandant s'il n'y aurait pas quelque moyen d'empêcher ces manœuvres des marchands, et il nous adressait à ce sujet une lettre qu'on peut voir reproduite *in extenso* dans le *Journal d'agriculture pratique* du 5 octobre 1854, p. 284.

Le seul moyen qui soit en notre pouvoir, c'est de faire connaître la chose, en y ajoutant les observations fort justes dont la lettre en question était accompagnée.

Il est tout d'abord bon de constater que cette pratique est loin d'être défavorable au système en vue duquel et contre lequel elle est employée. Si les marchands n'avaient pas reconnu que les acheteurs avaient là un assez bon moyen de contrôle, ils n'auraient certainement pas cherché à le détruire. Maintenant, que reste-t-il à faire à celui qui veut se renseigner en tout ou partie par l'application du procédé Guénon? C'est de se rendre sur les lieux avant la tenue des foires et de faire dans les étables le choix des animaux qu'il désire.

Nous reconnaissons bien que ce moyen présente des inconvénients : le déplacement d'abord, l'indication d'un désir qui peut être exploité ensuite. Mais que faire de plus? Il ne nous paraît guère possible, en effet, de défendre de faire la toilette aux vaches, pas plus qu'on ne pourrait l'interdire pour les chevaux.

Quoi qu'il en soit, il convenait de signaler le fait, qui nous a également été dénoncé depuis par un grand nombre de cultivateurs, et que nous avons nous-même vérifié bien souvent aussi. Il est certain que les personnes qui fréquentent les foires connaissent le fait au moins aussi bien que nous. Nous savons aussi qu'un vétérinaire ne se laissera jamais prendre au piége, mais le public peut y être trompé.

Les plus malins marchands ne se bornent pas, en effet, à faire une simple ablation insignifiante dans les parties sur lesquelles se développent les marques du système Guénon ; ils vont jusqu'à imiter les formes des meilleurs types. C'est toujours celui des flandrines de premier ordre qu'ils choisissent de préférence. Or, comme il y a bien des personnes qui n'y prennent pas garde et qui ne savent que peu ou pas leur affaire, il est arrivé que, prenant la solution de continuité pour les lignes de contre-poils naturelles, quelques-unes ont acheté de mauvaises carésiennes et se sont trouvées, ainsi, littéralement trompées sur la valeur de la chose vendue. Avis aux acquéreurs, en attendant que d'autres puissent en donner un aux vendeurs.

Paris. — Typographie de E. et V. PENAUD frères, 10, rue du Faubourg-Montmartre.

ANNÉE 1855. — 1er TRIMESTRE.

CHRONIQUE AGRICOLE;

Par M. AUGUSTE JOURDIER.

5705

Extrait du RECUEIL DE MÉDECINE VÉTÉRINAIRE.

BIBLIOTHÈQUE IMPÉRIALE

Rectifications au sujet des volailles dites de *Cochinchine*; leur véritable origine et leur véritable importateur. — Ce qu'on retire à Bresles d'un *cheval mort*. — Pourquoi nous n'avons pas parlé d'un travail sur les betteraves fait par un professeur de zootechnie de Paris. — Des *coupe-racines* Samuelson. — État plus que stationnaire de la fabrique fondée par Dombasle à Nancy. — Nos constructeurs et l'Exposition de 1855. — *Fiche-échalas* de M. Duguay, d'Argenteuil. — Les machines à battre alimentées régulièrement par elles-mêmes; perfectionnements apportés aux manéges à l'aide de l'air comprimé; M. l'ingénieur Saint-Supéry, de Toulouse. — De l'enseignement agricole et vétérinaire en *Russie*; renseignements peu connus. — La *cachexie aqueuse*; observations de MM. Delafond, Pepin, Moll et Bourgeois à la Société impériale et centrale d'agriculture de Paris. — Loi sur la police sanitaire des animaux domestiques en Belgique; pénalités.

Nous devons commencer cette première *Chronique* de l'année 1855 par une rectification. Ce n'est pas un heureux début, dira-t-on peut-être. Nous ne sommes pas de cet avis. Le premier devoir d'un publiciste est de rechercher toujours, partout et quand même la vérité; et dût-il avouer qu'il s'est trompé, qu'il a été mal renseigné, mieux vaut le dire que de laisser subsister un fait inexact.

D'ailleurs, on va remarquer que nous étions couvert par une autorité considérable, dont la bonne foi ne peut être mise généralement en doute.

Dans notre *Chronique* de juillet 1854, nous avons parlé de la volaille *cochinchinoise*. Ce nom lui-même était une première erreur, et pendant que nous y sommes, nous allons en relever une seconde qui a été endossée par nos honorables collègues MM. Prangé et Mariot-Didieux. Nous sommes d'autant plus à l'aise pour critiquer que nous avons fait la même faute dans le *Magasin pittoresque*. On va voir pourquoi et comment.

Les curieux qui visitent le Jardin-des-Plantes de Paris, quand ils exami-

nent, comme ils ne manquent pas de le faire, une des plus belles races de gallinacées étrangères qui aient été importées dans notre pays pendant ces dernières années, lisent cette très-peu exacte mention sur une belle étiquette :

« Coqs et poules *cochinchinois, donnés* au Muséum par M. l'amiral « Mackau. »

Il y a là : 1° une erreur radicale ; 2° une erreur relative.

Prenons d'abord cette dernière :

La race dont il s'agit a été *importée* en France par M. l'amiral Cécille, et M. l'amiral Mackau ne l'a *donnée* au Muséum que parce qu'il l'avait reçue au débarquement en sa qualité de ministre de la marine.

Il eût donc été juste de restituer, de par l'étiquette, à M. l'amiral Cécille l'initiative qui lui revient à cet égard.

Mais ce n'est pas là tout. Cette race n'est pas le moins du monde originaire de la *Cochinchine;* elle vient de la *Chine* proprement dite. C'est à *Shang-haï* que M. l'amiral Cécille a pris les dits individus qu'il a introduits en France.

Il faudrait donc corriger la mention dont nous venons de parler, et mettre à la place une étiquette qui, pour être véridique, devrait contenir ceci :

« Poules et coqs *chinois,* de Shang-haï, *importés* en France par M. l'a- « miral *Cécille* et *donnés* au Muséum par M. l'amiral Mackau. »

Nous garantissons l'exactitude de ces renseignements ; ils ont été fournis par M. l'amiral Cécille lui-même à notre savant ami M. Frédérick Baudry, ancien bibliothécaire du si regrettable Institut agronomique de Versailles.

— Puisque nous en sommes aux rectifications, nous voulons encore en faire une qui n'est pas sans importance. Il n'est guère de vétérinaire qui ne se soit entendu dire ceci : « Mais, Monsieur, comment se fait-il que les livres et certains journaux annoncent qu'on peut retirer d'un cheval mort de 65 à 110 fr., et que, quand j'en ai un à vendre, je n'en trouve que 8, 10, 12 ou 15 fr., et quelquefois moins ? »

Il n'y a pas bien longtemps que nous avons mis de côté un article intitulé : *Des avantages du savoir faire.* Il était publié avec force phrases par un journal que nous ne citerons pas, à cause de ses malheurs : il vient d'être supprimé. Mais cela ne peut nous empêcher de relever le fait et de rétablir la vérité du *possible*, en nous basant sur ce qui se passe dans un de nos plus beaux établissements agricoles, où on sait tirer parti de tout.

D'après des opérations d'une année entière, faites sur une vaste échelle, voici ce qu'on a pu retirer d'un cheval mort, termes moyens, à Bresles (Oise) :

			fr.	c.
	Peau et crins		8 fr.	
	Viande, 120 kilogr. à 5 c le kilogr.		6	
	Os, 47 kilogr. à 6 c. le kilogr.		2	82 c.
	Tendons desséchés, ½ kilogr. à 30 c. le kilogr.		»	15
	Fers et clous, 884 gr. à 20 c. le kilogr.		»	17
	Quatre sabots à 4 c. l'un		»	16
	Graisse, 2 kilogr. à 1 fr. le kilogr.		2	»
	20 litres de sang, à 8 c. le litre		1	60
	Ensemble		20	90
A DÉDUIRE :	Frais d'équarrissage	1 fr. 05 c.	1	30
	Cuisson de la chair et des os	» 25		
	Reste net		19	60

On ne dira pas sans doute que l'établissement de Bresles est mal dirigé, que les prix de main-d'œuvre et de cuisson sont exagérés ; il faut même se trouver dans des conditions exceptionnelles pour pouvoir les coter aussi bas. Voilà pour le *doit*.

Quant à l'*avoir*, il est calculé, soit sur le prix de vente à l'extérieur, soit sur des estimations consciencieuses faites avec une justesse qui est proverbiale dans le pays.

— Plusieurs abonnés du *Recueil* nous ont demandé pourquoi nous n'avions pas jugé à propos de parler d'un travail sur la betterave qui a été l'objet d'une communication à l'Institut et à la Société impériale et centrale d'agriculture. Quand la lecture en fut faite à cette dernière, il nous souvient bien que M. Renault lui-même nous avait engagé à en faire mention dans nos *Chroniques*.

Nous devons donc des explications sur notre silence ; les voici en deux mots :

Pour rendre compte du mémoire en question, dû à la plume d'un professeur du Conservatoire des arts et métiers de Paris, il nous eût fallu rappeler que M. Boitel avait déjà publié un travail *très*-analogue au commencement de 1852 ; il nous eût fallu trouver la raison pour laquelle cet ancien professeur de l'Institut était pour ainsi dire copié par son ex-collègue.

Au lieu d'entrer dans un examen de ce genre, qui pouvait nous conduire à une polémique que nous ne recherchons pas, nous préférons nous borner à indiquer les éléments de ce travail comparatif.

On n'a qu'à se procurer le mémoire du professeur de zootechnie que nous venons de citer, et le *Recueil encyclopédique* de MM. Boitel et Londet, deuxième numéro de janvier 1852, p. 33, et numéro de février suivant, p. 97. Chacun pourra juger par lui-même (pour le *rendement* surtout).

— On nous a demandé aussi d'indiquer le meilleur *coupe-racines* que nous connaissions.

En attendant que la prochaine exposition nous permette de donner une réponse plus complète et plus récente, nous signalerons celui de M. Samuelson dont voici la figure que nous devons à l'obligeance de notre éditeur du *Moniteur des comices*. Elle a déjà été reproduite dans l'*Illustration* et dans notre rapport sur l'Angleterre agricole.

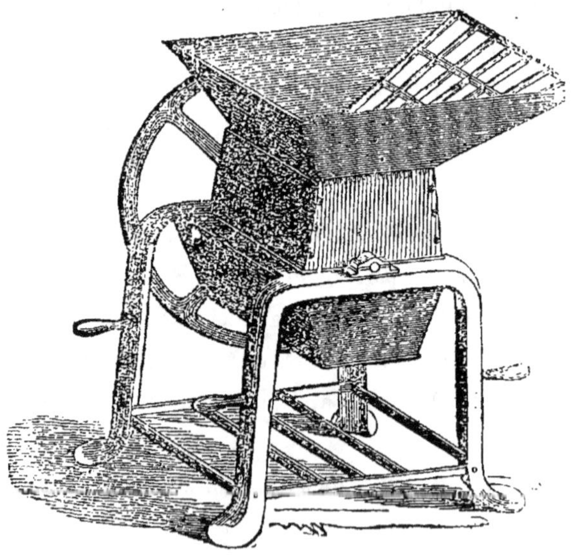

On pourra voir le modèle en grand de ce coupe-racines dans les galeries du Conservatoire des arts et métiers de Paris. Nous l'avons retrouvé aussi dans la belle ferme de M. le vicomte de Curzay, qui en a toujours été parfaitement content.

Son principal mérite est d'être solidement construit, tout en fer et en fonte. Un de ses grands avantages dans la pratique, c'est de pouvoir couper à volonté :

1° Des tranches cubiques pour les moutons, etc. ;

2° Des tranches très-minces pour les bêtes bovines, etc.

On pourrait ajouter qu'il a encore le mérite d'être très-portatif à l'aide de poignées visibles dans le dessin, et qu'enfin, la grille sur laquelle glissent les racines, facilitant le passage de la terre qui s'en détache, les couteaux (ils sont placés autour d'un cône creux) s'émoussent beaucoup moins que dans les anciens systèmes.

Il suffit, pour obtenir l'un quelconque de ces deux résultats, de tourner la manivelle soit à droite, soit à gauche, en déplaçant seulement à l'intérieur une petite plaque de fer qui fait résistance du côté voulu, suivant la circonstance.

Si maintenant on nous demandait chez quel constructeur français il faut s'adresser pour avoir un coupe-racines de ce genre, nous serions un peu embarrassé pour répondre.

Nous avions cru, dans le principe, ne pouvoir mieux faire que d'aller tout droit à une fabrique très-réputée. Nous avons fait le voyage de Nancy exprès. Non-seulement nous n'avons pas trouvé ce que nous désirions, mais encore on ne s'est pas chargé de le faire, nonobstant une commande très-sérieuse.

Pauvre Mathieu de Dombasle ! à qui as tu cédé tes élans généreux et ton amour du progrès ? Nous n'en avons pas même retrouvé la trace dans cette fabrique à laquelle il avait su donner un si bel essor.

Aussi n'avons-nous pas été étonné d'apprendre que l'établissement de Nancy, qui a été un des premiers de France, n'enverrait probablement rien à l'Exposition. Nous aimons mieux cette abstention qu'un échec public en présence de nos concurrents étrangers ; mais, en revanche, nous espérons bien avoir à signaler d'autres lauréats nationaux.

Préparant en ce moment la deuxième édition de notre *Matériel agri-*

***

cole, nous avons déjà beaucoup de constructeurs auxquels nous aurons à donner les premiers rangs. C'est un acte de justice qui nous sera d'autant plus agréable à rendre que nous nous sommes assuré par nous-même du mérite de ceux que nous aurons à signaler.

Quand nous nous rappelons l'infériorité humiliante dans laquelle nous étions à Londres en 1851, il nous faut de bien grandes preuves pour nous rassurer un peu sur les résultats de la lutte qui se prépare. Heureusement, ces preuves ne nous manquent pas, et dès à présent, nous avons la ferme confiance qu'en fait de machines à battre, par exemple, nous resterons les vainqueurs.

Nous ne pouvons citer tous les produits qui se préparent. Dans notre seul comité de Seine-et-Oise, nous avons été assez agréablement surpris d'en voir entrer un grand nombre par la porte de notre section agricole. Nous voulons, à cette occasion, signaler l'un d'eux qui fait pour ainsi dire exception : c'est le *fiche-échalas* inventé par M. Duguay aîné, mécanicien à Argenteuil.

Nous en donnerons bientôt le dessin dans le *Recueil.* Nous en ajournons donc la description ; mais disons, dès à présent, qu'il présente de la manière la plus certaine les avantages suivants :

1° Il met à l'abri de tous les accidents auxquels étaient exposés les ouvriers quand le vieux bouclier placé sous l'aisselle venait à se percer ;

2° Il permet l'emploi, pour le fichage, du premier ouvrier venu ; nous l'avons vu entre les mains des femmes et des enfants ; or, jusqu'à présent, il fallait des hommes spéciaux qui se payaient jusqu'à 6 fr. par jour ;

3° Il diminue de beaucoup les fatigues et assure un travail plus considérable que par les anciens procédés.

Il n'est pas plus difficile maintenant de ficher un échalas que d'enfoncer une bêche dans le sol.

Il y a donc bien là tous les avantages qui caractérisent les véritables progrès, et à ce point de vue ceux qui nous affranchissent des ouvriers spéciaux, souvent très-rares et quelquefois très-despotes, ne sont pas ceux qu'il faut le moins considérer, surtout quand, en même temps, ils ménagent les peines de nos laborieux travailleurs des champs.

— C'est dans ce même ordre d'idées que nous avons encore à signaler les très-utiles inventions d'un ingénieur-agriculteur du Midi, M. Saint-Supéry.

Frappé des inconvenients que présente l'alimentation des machines à battre, même quand celle-ci est faite par des ouvriers de choix, il a voulu que la machine réglât la prise de gerbe elle-même.

Nous donnerons également cette figure sitôt que nous l'aurons. En attendant, disons que rien n'est simple comme le procédé que M. Saint-Supéry va appliquer très-prochainement aux environs de la Capitale.

Il a deux cordes à son arc. En premier lieu, il remplace la table de service par une toile sans fin, garnie de quelques dents flexibles à leur base.

La gerbe est jetée toute déliée sur l'extrémité de ce sol mouvant. Les brins sont entraînés et rencontrent bientôt une planche régulatrice qui ne laisse passer que l'épaisseur voulue.

La gerbée arrive ainsi dans le batteur avec une uniformité parfaite et par couches invariablement les mêmes.

Le deuxième procédé paraît un peu plus compliqué que le précédent; mais, en somme, ils se résument l'un et l'autre à une dépense supplémentaire de 200 à 300 fr., sans même exiger un quart de force de cheval en plus, assure l'inventeur.

Une table alimentaire, très-inclinée, est traversée par une chaîne sans fin, sorte de *noria* portant des dents à la place de godets. C'est, dans l'ensemble, une série de râteliers analogues à ceux dont on se sert pour ranger les fusils, les cannes, etc.

Chaque série de dents prend une quantité déterminée de la gerbe et la jette dans une grande trémie, d'où elle est conduite sous le batteur par trois cylindres hérissés de dents, qui font un véritable *étirage* comme dans les filatures.

Les choses sont combinées de telle façon que l'alimentation est toujours extrêmement régulière, comme nous le disions plus haut.

Ayant eu à employer l'air comprimé pour faire marcher un marteau-pilon,

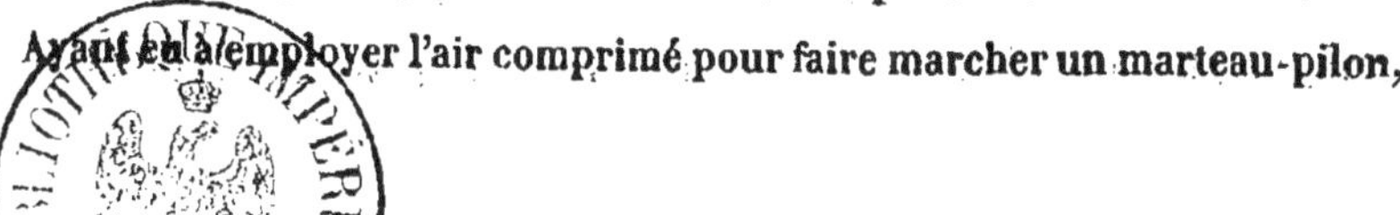

ce même M. Saint-Supéry a eu l'heureuse idée de transformer la force qu'on obtient avec des animaux attelés aux manéges ordinaires, en force aussi constante et aussi facile à répartir que celle de la vapeur.

Avec ce système, les animaux ne font plus marcher *directement* la machine, ils chargent tout simplement une espèce de gros *fusil à vent,* et c'est de là que tout part avec une régularité parfaite qui place désormais la machine à l'abri des *à-coups* si funestes aux engrenages qui obéissent directement à cette force brutale si difficile à régler dans les anciens systèmes.

Sitôt que les premiers appareils seront montés dans les environs de Paris, nous nous empresserons de revenir sur ce sujet, qui est, en effet, de la plus haute importance.

— On a beau s'en défendre, les questions d'actualité l'emportent toujours un peu. C'est cette raison qui vient de nous conduire à parler d'un sujet, très-agricole du reste, puisqu'il se rattache à des faits d'une grande portée. C'est encore cette même actualité qui va nous entraîner à donner quelques renseignements bien peu connus, s'ils le sont, sur la vétérinaire et l'enseignement agricole en Russie.

En ce qui concerne ces derniers, ils ne sont pas inconnus de tous, puisqu'ils sont consignés dans un travail fait par le ministère sur l'enseignement professionnel; mais les autres sont complétement inédits, nous pensons.

Quoi qu'il en soit, les événements seront loin de leur ôter l'intérêt que nous leur trouvons.

Dès 1833, la Russie est entrée dans la voie des progrès agricoles, et ce que nous devons tout d'abord noter, c'est que la vétérinaire a marché toujours de front avec ceux-ci.

Dans le premier institut agronomique, qui fut créé près Saint-Pétersbourg, l'élément vétérinaire y avait sa place. Rien, d'ailleurs, n'avait été négligé pour l'organisation, qui a coûté 700,000 roubles et dont l'entretien exigeait une dépense annuelle d'un septième de cette somme.

A l'Institut de Gorigoretz, dans le gouvernement de Mohilew, fondé en 1836, ouvert en 1840, la zootechnie, la zoologie, l'anatomie et la physiologie figurent en toutes lettres dans le programme des cours de première classe, et la médecine vétérinaire dans ceux de la seconde.

A l'Ecole agricole et à l'Ecole pratique de Marjino, fondées par la comtesse Straganow, non plus qu'à la ferme de Kasan, fondée en 1840 par la Société d'agriculture, il n'est pas fait mention de médecine vétérinaire, mais cela doit être le résultat d'un oubli dans les renseignements.

Nous allons voir, d'ailleurs, qu'au grand Institut de Moscou la part est assez large et belle. Toute une cinquième année d'études renferme à elle seule le programme de nos Ecoles, comme elles avaient été bien entendues d'abord : zootechnie, *economie rurale* et domestique, médecine vétérinaire.

Voyons maintenant cette dernière toute seule.

Nous exhumons les renseignements suivants de notre correspondance d'élève, alors que nous étions encore à l'Ecole d'Alfort. Ils nous ont été fournis par le secrétaire intime du prince Démidoff, M. Achille Gallet de Kulture, qui a continué ces mêmes fonctions jusqu'à ces derniers temps.

L'Ecole vétérinaire de Saint-Pétersbourg est une annexe de l'Académie médico-chirurgicale qui est située dans la section de Wibourg. Le cours spécial de médecine vétérinaire se subdivise en deux classes.

Dans la première, on admet tous les jeunes gens de condition libre qui ont subi l'examen prescrit. Quand ils ont fini leurs études, ils reçoivent la 12e classe de la hiérarchie civile.

Dans la deuxième, on n'admet que des élèves qui, après avoir terminé leurs études, entrent dans la première classe, ou bien au service de la couronne. Là, après quelques années de service, ils reçoivent la 14e classe de la hiérarchie civile.

Dans les villes, les avantages et la position des vétérinaires varient, comme partout, suivant le degré de connaissances acquises et l'étendue de l'expérience pratique.

En sortant de l'Académie, les élèves qui ne trouvent pas de place s'engagent chez les propriétaires de l'intérieur, qui ont tous beaucoup de bétail et de fort beaux haras. Les conditions varient, mais elles sont toujours de beaucoup inférieures, comme résultats pécuniaires, à ce que peuvent se faire les principaux vétérinaires des villes. Ceux-ci ne gagnent cependant guère au delà de 3,000 roubles d'argent, soit environ 12,000 fr.

On voit, par ce qui précède, qu'il n'y a pas grand'chose à envier à la position des vétérinaires russes, qui sont, de plus, plongés dans une profonde ignorance des progrès les moins récents. Leur situation morale, nous dit-on, est des plus infimes; ils jouissent d'une médiocre considération et sont sans cesse à la merci du caprice et du despotisme de ceux qui les emploient et qui ne les payent que très-irrégulièrement.

Si les événements actuels nous ont conduit à cette légère digression relative, nous en demandons pardon à ceux de nos lecteurs qu'elle n'intéressera pas suffisamment, et nous nous empresserons de rentrer plus directement dans notre sujet. Nous citons textuellement les comptes rendus que nous avons faits dans le *Moniteur des comices*.

— La *cachexie aqueuse* a été l'objet, à la Société centrale d'agriculture, de communications diverses qui ont terminé la première séance de rentrée après celle d'ouverture.

M. Delafond a reconnu avec peine que déjà beaucoup d'animaux étaient prédisposés à cette terrible maladie, surtout dans les lieux humides et boisés. Nos dernières sécheresses avaient bien un peu suspendu les progrès du fléau, mais il craint que l'humidité de l'automne n'ait ramené les mêmes ravages qu'en 1853, et cela d'autant plus que, par suite des pluies d'été, on a récolté beaucoup de fourrages humides.

M. Bourgeois, ancien directeur des bergeries de Rambouillet, dit, à ce sujet, qu'il a remarqué un fait assez singulier : c'est que la pourriture n'a pas sévi dans certaines localités où elle régnait habituellement, tandis qu'elle s'est montrée dans des endroits qui en étaient ordinairement exempts.

M. Moll a fait la même remarque. Ainsi, dans les parties du *Berry* nommées *Champagne*, où presque jamais la cachexie n'avait fait de ravages, il y en a eu beaucoup de cas cependant. Il en a été de même dans la vraie Champagne, où cette maladie est à peu près inconnue et où elle a néanmoins sévi avec force.

A l'occasion d'une observation de M. Pepin, de laquelle il résulte qu'un fermier de sa connaissance préserve ses moutons en les ***nourrissant au sec à la bergerie*** et en ne les faisant pas sortir par la pluie, M. Moll énumère les moyens préservatifs et curatifs dont il s'est toujours servi lui-même avec le plus grand succès. Les voici tout résumés :

1° *Moyens hygiéniques* ci-dessus indiqués par M. Pepin. — Ainsi, à partir du mois d'août, il ne laisse jamais sortir les moutons sans leur avoir fait donner à la bergerie des aliments secs.

2° Ayant remarqué que les brebis qui agnelaient à l'époque ordinaire ne nourrissaient leur progéniture qu'avec peine ; que ces bêtes restaient chétives, souffreteuses, il a eu recours à l'*agnelage tardif*.

3° L'addition au régime ordinaire de 200 à 300 grammes de *tourteaux de colza,* une ou deux fois par semaine.

Cependant, malgré des précautions analogues prises par M. Dailly, celui-ci n'est pas toujours parvenu à préserver ses troupeaux. D'un autre côté, M. Robinet affirme que sa sœur, Mme Millet, grâce aux moyens hygiéniques précités et à une *grande surveillance,* a pu exempter complétement le sien de cette terrible maladie.

Enfin, M. Bourgeois cite le fait suivant : Des moutons qui avaient été mis en liberté dans les pâturages d'une île sont restés sains et vigoureux, tandis que dans le troupeau de l'établissement plusieurs animaux étaient atteints. M. Bourgeois en tire cette conclusion : c'est que les moutons livrés à eux-mêmes n'éprouvaient pas le besoin de manger à la rosée et ne pâturaient que dans le milieu du jour, alors que l'herbe était sèche.

Bien que beaucoup de lecteurs du *Recueil* connaissent le travail spécial de M. Delafond, nous avons tenu à rapporter cette intéressante discussion.

— Nous voulions encore parler de la loi qui vient d'être votée en Belgique sur la police sanitaire des animaux domestiques. Il y a de bons exemples à prendre dans ce pays en général ; mais l'espace nous manque. Nous nous bornerons donc à dire qu'un des principaux articles (16) porte qu'un emprisonnement de huit à quinze jours, et de quinze jours à un mois en cas de récidive, sera prononcé contre quiconque aura vendu, fait vendre ou fait tuer pour la consommation de la viande provenant d'animaux atteints de maladies contagieuses.

BIBLIOTHÈQUE IMPÉRIALE
IMPR.

Paris. — Typographie de E. et V. PENAUD frères, 10, rue du Faubourg-Montmartre.

BIBLIOTHÈQUE IMPÉRIALE

CHRONIQUE AGRICOLE;

Par M. Auguste JOURDIER.

Extrait du Recueil de médecine vétérinaire.

Du concours de Poissy. — Des viandes salées d'Amérique. — Du dépeçage des bœufs et des porcs d'exportation aux Etats-Unis. — Composition des barils de bœuf et de porc. — Du *concours européen* d'animaux reproducteurs à Paris, du 1er au 9 juin prochain. — Importance des dispositions principales réglées pour trois ans. — Indication des catégories d'animaux et des prix proposés. — D'un nouveau système de chauffage fumivore. — Economie de 45 à 67 pour 100 du combustible. — Sécurité complète au point de vue des *incendies*. — Application de ce procédé à l'agriculture.

Le grand événement du mois d'avril était sans contredit le concours de Poissy, de même que celui de ce mois est l'ouverture de l'Exposition quasi-universelle et que celui du mois prochain sera le concours général et central des animaux reproducteurs.

Jamais trimestre n'aura été plus fécond. L'année entière ne suffira pas pour décrire toutes les merveilles qui se concentrent chaque jour à Paris, et, même en spécialisant les choses, la tâche du chroniqueur restera aussi difficile que possible à cause de l'abondance des matières.

Quoi qu'il en soit, payons d'abord notre tribut à celui des concours qui a ouvert la marche en France et qui depuis quatorze ans nous montre à Poissy ce que peuvent les efforts intelligents de l'homme sur le perfectionnement des animaux de boucherie.

N'oublions pas les services rendus pour ne nous occuper que des nouveaux venus; d'ailleurs, Poissy a plus d'un titre à notre reconnaissance. C'est là que, pour la première fois, on a bien compris, par l'éloquence des faits, combien la vétérinaire et l'agriculture étaient solidaires l'une de l'autre. Or, le jour où cette grande vérité sera reconnue partout et que l'alliance deviendra définitivement pratique, on entrera dans une ère nouvelle qui marquera sa place et prendra bon rang à côté des progrès qui se sont accomplis dans ce siècle, aussi grand à lui seul que presque tous ceux qui l'ont précédé, surtout si on veut y comprendre la fin du siècle dernier.

Si nous constatons ces faits avec plaisir, c'est que tout s'enchaîne une fois qu'on est dans la bonne voie. C'est ainsi que cette année même nous avons vu figurer à Poissy des types qui y étaient inconnus jusqu'à ce jour. Nos départements les plus reculés ont été représentés fort honorablement. Grâce à nos lignes ferrées, et notamment à celle de Bayonne à Paris, la troisième ré-

(C.)
1855

gion, qui jusqu'à présent avait manqué à l'appel, a été non-seulement représentée, mais encore remarquablement récompensée.

Dans son ensemble, le concours de cette année a été très-beau. En comptant par tête, il y en avait moins que l'année dernière, à cause d'une différence de neuf lots de moutons; mais, par contre, la qualité compensait bien au delà la quantité.

Les jeunes bœufs de moins de quatre ans figuraient pour plus du quart. Quinze n'avaient pas trois ans. C'est celui de M. le comte de Falloux qui a mérité le prix d'honneur à son propriétaire.

Les moutons étaient d'une rare beauté sous tous les rapports. Nous en avons remarqué quelques-uns dans les lots de M. Pilat qui étaient de véritables phénomènes pour des sujets ayant du sang mérinos.

Cet habile engraisseur a eu tous les premiers prix, mais il a laissé prendre la coupe d'honneur à M. Fournier, de Rutel (Seine-et-Marne), non sans bien se promettre de la lui disputer vigoureusement l'année prochaine avec des moutons qu'il élève exprès. Cette lutte corps à corps sera curieuse à suivre.

Les porcs de race française ont été représentés convenablement cette fois au moins; ils pouvaient être mis en parallèle, comme nombre et comme qualité, avec les sujets de race étrangère qui menacent chaque jour de plus en plus de leur faire concurrence.

Ce n'est plus seulement dans les concours qu'ils viennent nous disputer la palme; c'est encore et jusque sur les marchés, voire même dans la boutique du détaillant, où ils entrent en ligne avec de grandes chances actuelles de succès.

Le commerce des viandes salées d'Amérique prend, en effet, chaque jour de l'importance. Nous avons déjà donné quelques détails à ce sujet dans notre *Chronique* d'octobre 1854. Nous allons les compléter aujourd'hui en empruntant au *Moniteur des comices* les deux gravures ci-contre qui donnent une idée suffisante de la méthode adoptée dans les Etats-Unis pour le dépeçage des bœufs et des porcs d'exportation. Ces renseignements peuvent être utiles à chaque instant, soit pour l'appréciation, soit pour la discussion, soit pour des cas de contestation et d'expertise, comme il s'en est déjà présenté plusieurs fois.

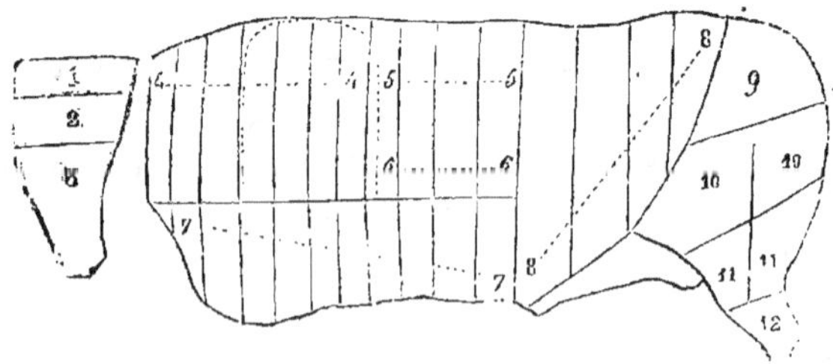

Indication des lignes suivies pour le *dépeçage* des BOEUFS en Amérique.
(Dessin fait sur un croquis envoyé de Cincinnati.)

1-2. Partie supérieure de l'*epaule* que les Américains appellent *shoulder clods;* c'est chez nous le dessus ou le *derrière du palleron*, notre *milieu de macreuse* dans le *palleron* avec la partie supérieure de la bande de macreuse.

3. (*Shanks*), partie inférieure de la bande de macreuse; *boîte à moelle* dans le palleron, queue de gîte, gîte et crosse.

4-4. (*Neck chuck*), *cou, avant-cou, collier, talon de collier, côtes à la noix,* dessous d'épaule.

5-5, 6-6. (*Standig ribs*), *côtes couvertes, plat-de-côtes, côtes.*

7-7. (*Briskets* et *plates*), *gros bout* ou poitrine, *milieu de poitrine* et *basses-côtes.*

8-8. (*Surloin*), *longes, aloyau*, avec *filet mignon*, *bavette d'aloyau* et *flanchet.*

9. (*Rumps*), *culotte* (croupion).

10-10 et 11-11. (*Rounds*), c'est ce qu'ils appellent les *cuisses* et même les *gigots*. Le premier numéro 10, en regardant la gravure, tranche grasse; le second, tranche au petit os et moitié supérieure du milieu de gîte à la noix.

Le premier numéro 11, pièce ronde; le second, moitié inférieure du milieu de gîte et derrière de gîte à la noix.

12. (*Shank*), gîte et crosse.

Passons maintenant aux détails de la coupe du porc, qui diffère essentiellement de la nôtre.

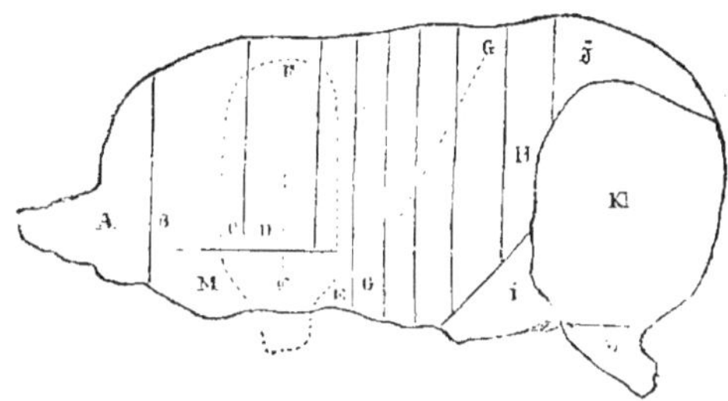

Lignes suivant lesquelles les PORCS d'Amérique sont découpés avant d'etre mis en baril pour l'exportation. (Cincinnati.)

A. (*Head*), tête.

B-C. (*Neck shoulder*), cou et devant d'épaule, saignée.

D. (*Shoulder butt*), dessous d'épaule, côtes découvertes.

F-F. (*Shoulder*), épaule proprement dite, qui s'enlève entièrement. Ce sont elles qui se vendent couramment aujourd'hui 1 fr. 20 c. le kilogramme, salées, et 1 fr. 40 c. le kilogramme, fumées.

M-E. (*Shoulder cut*), derrière d'épaule, longe de devant, partie antérieure du ventre ou source, poitrine (M).

G-G. (*Sides*), longes et ventre, ou source en bas, échines en haut, plat de côte ou bandes de lard.

H-I. (*Flanck* et *lard*), flanchet et lard d'œillet.

J. (*Rump*), croupe, croupion.

K. (*Leg*), jambon.

L. (*Shang*), jarret.

Passons maintenant aux détails, non moins utiles à bien connaître, de la composition des barils, telle qu'elle se fait officiellement sous la surveillance des inspecteurs de Cincinnati. Nous les empruntons encore au *Moniteur des comices,* qui vient de les publier d'après une note authentique rédigée sur place.

A l'aide de ces données, on pourra désormais facilement reconnaître si les viandes qui seraient l'objet de contestations viennent bien réellement et directement des Etats-Unis ou si elles ont été *retravaillées* après coup, comme cela n'arrive que trop souvent par suite d'avaries par fortune de mer ou pour toute autre cause plus ou moins loyale.

Dans un baril de *mess-beef,* il entre trois longes (aloyau avec filet mignon); trois côtes (côtes couvertes); deux pièces croupions (culotte); une pièce gigot (gîtes, tranches, etc.); puis des pièces de poitrine et des basses-côtes.

Pour un baril de *prime-beef,* on prend dans le gros bout de la poitrine (*briskets*) les premières côtes à la noix (*standing*), les plats de côtes (*ribs*), des quantités suffisantes pour former le premier ou le dernier rang du baril; plus, deux hauts d'épaules, palerons (*shoulder clods*); moitié d'un collier ou cou coupé en trois morceaux (*neck*); deux jointures de jarrets; les crosses (*shanks*); deux côtés dits flanchet (*flanks*); deux ou trois morceaux de gîte d'épaule (*chuck*); deux pièces de *surloin,* ou bavette d'aloyau; deux pièces de culotte et tranche au petit os (*rumps*); deux pièces de *rounds,* ou milieu et derrière de gîte à la noix, avec tranche grasse et pièce ronde.

Si avec ce qui précède on n'a pas obtenu le poids de 200 livres net, qui doit être celui du baril, on achève avec les trois dernières natures de morceaux.

Chaque pièce de viande doit mesurer une largeur de 6 à 7 pouces américains et peser 4 livres au moins, 12 au plus. (La livre américaine = 453 gr.; le pouce = 0m.253.)

Un tierçon de *prime-mess-beef* ne peut peser moins de 304 livres.

Il contient 38 pièces du poids de 8 livres chacune, et doit être fortement tassé dans le sel.

Si nous ne parlons que du *mess-beef* et du *prime-beef,* c'est qu'il n'y a que ces deux qualités qui soient convenables pour la France ; ce sont égale-ment les seules qui, jusqu'à ce jour, aient été demandées par l'Angleterre.

Pour le porc, qui est l'objet d'un commerce non moins considérable, voici comment on procède :

Dans un baril de *mess-pork,* il entre de trois à quatre morceaux d'épaule, coupés de telle façon que le pied de cochon, proprement dit, n'en fasse jamais partie.

Quatre morceaux de flancs ou de longes de derrière, bien épais et bien dépouillés ; la longe de devant comble le reste du fût.

Dans un baril de *prime-pork,* on met trois moitiés de têtes débarrassées des oreilles, de la cervelle et du groin ; trois épaules, dont l'os est coupé au joint du genou ; trois ou quatre pièces de cou ; une d'épaule ; trois ou quatre pièces prises dans les longes de devant et la poitrine ; trois ou quatre de la longe de derrière d'une épaisseur moyenne, et une quantité suffisante d'épaules pour former le dernier rang du dessus, et le complément en morceaux de la croupe ; ce qui reste de la région du bassin après l'enlèvement du jambon.

Les morceaux de tête rendent les débitants difficiles sur ce genre de baril.

Un baril de *mess-ordinary* ou *thin*-MESS-*pork* (*thin,* mince, maigre) se compose par moitié des parties pectorales placées sous les épaules, d'autant des longes de derrière qui sont trouvées trop maigres pour former le *mess* ou *prime-mess-pork*.

Si, en arrimant le *prime-pork,* on ne met pas les têtes, on les remplace par des épaules maigres et une égale proportion des parties situées dessous, jusqu'à la saignée notamment.

Les morceaux quelconques dont on veut faire du *prime-pork* ou du *mess-ordinary* doivent avoir une largeur de 4 à 4 pouces ½, et pour du mess-porc 5 à 6 pouces.

Enfin, pour composer un baril de PRIME-MESS-PORK, la sorte la plus marchande de toutes, on prend cinquante pièces, dont chacune doit peser 4 livres. On les choisit ainsi : vingt-cinq pièces prises dans les côtes, les longes, les échines, enfin dans tout ce qui se trouve compris entre le jambon et l'épaule, et qu'on appelle *broadside* ou *middle;* en un mot, dans toutes les parties du porc tel qu'on le désigne ici par ces mots : « tête et pieds bas. »

Si on n'y met pas de jambons, on remplace ceux-ci par des *sides,* ou plats de côtes, c'est-à-dire par de véritables plaques ou bandes de lard.

Les porcs qui sont destinés à la salaison et à l'exportation doivent être engraissés avec du MAÏS et peser environ 150 kilogrammes.

Chaque baril doit être bien capelé de sel gemme et doit contenir 200 kilogrammes net (sel et viande).

***

Ceux que nous avons reçus à Versailles, où, à la suite de notre première expérience, il est déjà entré plus de 25,000 kilogrammes, dépotent 190 kilogrammes de viande marchande.

On voit dans la figure ci-contre que les sections sont généralement faites transversalement à l'épine dorsale; mais c'est là une méthode qui n'est réellement rigoureuse que pour la composition du *prime-mess-pork*.

On obtiendrait très-facilement que ces morceaux fussent coupés parallèlement à l'échine, ainsi que cela a déjà été demandé pour la France tout spécialement.

Si nous avons autant insisté que nous l'avons fait jusqu'à présent sur la question des viandes salées, c'est que nous la croyons de la plus haute importance et de la plus haute portée.

Bien que maintenant elle se trouve lancée, il y aurait encore beaucoup à dire cependant sur certains détails qui peuvent lui faire du tort, si on n'y prend garde.

Les débitants, par exemple, ne sont pas toujours assez soucieux des précautions qu'il faut prendre pour bien s'approvisionner; en s'adressant au premier venu, ils s'exposent à avoir des viandes *avariées* et *retravaillées,* dont ils veulent à leur tour se débarrasser. Ce sont là des faits très-fâcheux, et nous en connaissons plus d'un.

Il en résulte que le consommateur trompé étend à toutes les viandes salées la mauvaise opinion qu'il peut avoir. D'autres fois, s'il n'a pas su faire convenablement *dessaler,* même de bonne viande, ou si celle-ci a été mal assaisonnée, c'est encore à la chose générale qu'il s'en prend! Il la blâme, il la trouve mauvaise, etc.

Il nous faudra donc revenir encore une fois sur ce sujet, car la place nous manque. Sinon, nous démontrerions en détail que cette question est bien toute pleine d'avenir, comme les hommes, et les plus éclairés, le reconnaissent.

Une autre fois, en signalant les écueils dont il faut se méfier, nous espérons compléter la tâche que nous avons entreprise en prêchant d'exemple dans une ville (Versailles) qui est aujourd'hui une des mieux approvisionnées par rapport à sa population.

Notre seul désir maintenant, c'est que les exemples donnés de toutes parts puissent être suivis ailleurs et s'étendre surtout dans les campagnes.

Nous ne négligerons rien pour atteindre ce but; nous essayerons du moins de tous les moyens dont nous pourrons disposer.

En attirant ici pour la seconde fois l'attention des vétérinaires sur cette grave question, qui est bien au dernier point d'intérêt général, nous pensons remplir une des parties de notre programme et continuer, à bonne adresse, l'œuvre de propagande que nous avons entreprise en raison des faits nombreux qui nous ont prouvé combien était grande l'importance de cette question.

Il n'est pas du tout indifférent, en effet, que chacun sache que pour moins de 1 fr. le kilogramme on peut avoir un excellent lard qu'aucun charcutier ne pourrait donner aujourd'hui à moins de 1 fr. 80 c. à 2 fr. 50 c. Tous les morceaux qui entrent dans la composition du *prime-mess-pork* sont particulièrement dans ce cas; chacun d'eux est recouvert d'une couche de graisse qu'on peut détacher pour les usages culinaires; le maigre qui reste est excellent et remplace on ne peut plus avantageusement tous les petits salés du commerce.

Nous déclarons donc sans hésitation que le porc d'Amérique peut et doit rendre de grands services aux consommateurs comme économie et profit. Quant au bœuf, notre conviction est loin d'être aussi profonde. Nous en avons essayé de toutes les manières, et jamais nous ne l'avons trouvé, sous aucun rapport, comparable au premier.

Personne n'est mieux placé que le vétérinaire pour propager les choses qu'il trouve bonnes, et il peut ainsi rendre de réels services au pays tout entier. C'est pour cette raison que nous venons de nous étendre un peu longuement sur un sujet que nous avons étudié pratiquement avec tout le soin possible. C'est pour ces mêmes motifs que nous allons encore essayer d'appeler son attention sur l'événement capital du mois de juin, le *concours général de Paris*, qui est, à proprement parler, le pendant de celui de Poissy, son aîné.

En raison de l'Exposition universelle, les animaux reproducteurs y seront seuls admis. Il n'était guère possible de réserver une place pour les instruments et les machines agricoles; cela eût pu faire double emploi. Nos constructeurs ont, d'ailleurs, bien eu assez à faire pour se préparer à une lutte nouvelle pour eux; car on ne peut pas invoquer le précédent de Londres, où notre agriculture n'était pour ainsi dire pas représentée.

C'est donc en présence d'illustres vainqueurs qu'ils vont se trouver; il importait, en conséquence, de ne pas les distraire dans leurs préparatifs pour ce grand tournoi industriel d'où, nous l'espérons du moins, ils sortiront réhabilités aux yeux de leurs confrères d'outre-Manche.

Quoi qu'il en soit, rappelons les termes principaux du concours qui s'ouvrira du 1er au 9 juin prochain, et insistons pour que, dès à présent, les vétérinaires secondent les vues de l'administration, qui n'a rien négligé pour lui donner une importance véritablement européenne.

Pour la première fois, en effet, les animaux *nés et élevés à l'étranger* seront admis; une section toute spéciale a été créée pour eux, et plus de 26,000 fr. de primes leur sont réservés.

Si nos voisins comprennent bien leurs intérêts, s'ils savent apprécier les avantages qui leur sont faits : transport gratuit à partir de la frontière, nourriture des animaux aux frais de l'Etat pendant toute la durée de l'exposition, vente facile aux enchères ou à l'amiable à la fin du concours, etc., etc., nous devrons avoir des sujets d'études comme jamais on n'en aura réuni nulle part (1).

Si, d'un autre côté, nos éleveurs se piquent d'amour-propre ; s'ils continuent, comme ils le font tous les ans, à se surpasser les uns les autres pour nous montrer des produits de plus en plus beaux, on doit concevoir l'espérance, non-seulement d'avoir cette année un concours exceptionnel, mais encore de voir se jeter les fondements solides d'une lutte véritablement européenne qui pourra exercer une très-grande influence sur les progrès agricoles de notre pays.

C'est près de nos éleveurs qu'il appartient aux vétérinaires de faire des efforts incessants pour les engager à répondre à l'appel qui leur est fait. Ce n'est pas seulement au point de vue de l'importance des primes proposées que les propriétaires doivent être stimulés, c'est aussi à cause du public nombreux et choisi qui doit se trouver à Paris à cette époque ; c'est, enfin, par juste orgueil national qu'on doit aussi désirer que l'état de notre bétail soit représenté comme il peut l'être.

Il y a trop longtemps qu'on abuse de quelques faits exceptionnels pour nous faire croire à une infériorité qui n'est pas complétement exacte, et jamais occasion n'aura été plus belle pour protester.

Soyons assez heureux pour avoir bon nombre et bon choix de nos principales races, et on verra bien que nous ne sommes pas aussi arriérés qu'on a trop souvent voulu le dire. Nous avons certainement l'équivalent et souvent mieux que tout ce que possèdent nos voisins. Montrons nos charolais, nos manceaux, nos cotentins, nos garonnais, nos bretons même et bien d'autres encore, et on verra peut-être plus d'un éleveur étranger nous en acheter et en tirer bon parti. Le fait ne serait pas nouveau du reste, témoin ce que nos voisins d'outre-Manche appellent leurs *alderney*, et qui, en bonne conscience, ont bien quelque peu de sang normand dans les veines.

Quoi qu'il en soit, passons brièvement en revue les articles principaux du programme qui, indépendamment de beaucoup d'autres mérites, a surtout celui d'être arrêté pour trois ans.

Nous avons dit ce qu'était la première section ; elle est entièrement consacrée aux animaux nés et élevés à l'étranger. La seconde comprend les

---

(1) D'après les déclarations déjà arrivées au ministère et celles qu'on attend, on peut supposer que le tertre où se trouve la tribune des courses au Champ-de-Mars sera occupé tout entier, depuis le bord de la Seine jusqu'en face le quartier d'artillerie de l'Ecole militaire. L'année dernière, le cinquième au plus était garni d'animaux.

animaux *mâles* et *femelles* également, et de *toutes* races, nés et élevés en France.

Des catégories sont réservées aux races *pures* suivantes pour l'espèce BOVINE :

1° Normande : 4,150 fr. de prime en huit prix ;

2° Flamande : 3,650 fr. en sept prix ;

3° Charolaise : 4,150 fr. en huit prix ;

4° Garonnaise ou agenaise (gasconne ou bazadaise) : 4,800 fr. en quatre prix ;

5° Comtoise : 2,400 fr. en quatre prix ;

6° Salers, aubrac, limousine (races de montagne) : 3,300 fr. en six prix ;

7° Parthenaise (choletais et nantais) : 3,000 fr. en six prix ;

8° Bretonne : 2,330 fr. en trois prix ;

9° Diverses françaises, mais sans aucun croisement : 1,750 fr. en cinq prix ;

10° Durham : 7,500 fr. en douze prix ;

11° Etrangères, *pures* toujours, autres que durham : 2,100 fr. ;

12° Enfin, sous-races, provenant de croisements *quelconques* français ou étrangers : 2,350 fr. en six prix.

Pour l'espèce OVINE, on trouve les catégories suivantes :

1° Mérinos et métis-mérinos, y compris les *mauchamps :* 4,830 fr. de prime en quatorze prix ;

2° Races étrangères pures à laine longue : 1,950 fr. en six prix ;

3° Races étrangères pures à laine courte : 1,400 fr. en quatre prix ;

4° Races françaises ou sous-races provenant de croisements *quelconques :* 1,620 fr. en dix prix.

Espèce PORCINE :

1° Races *indigènes* pures : 1,630 fr. de prime en neuf prix ;

2° Races étrangères pures ou croisées : 1,750 fr. en dix prix ;

Enfin, pour animaux de diverses espèces, boucs, chèvres, lapins, etc. : 500 fr.

Nous recommandons d'une manière particulière le chapitre des *animaux de basse-cour,* non pas tant à cause de l'importance des primes (735 fr. en quatorze prix plus ou moins) qu'en vue de l'influence que ce petit concours peut exercer dans nos fermes.

150 fr. sont réservés spécialement aux crèvecœur, et pareille somme aux *soi-disant* cochinchinois. Sont appelés en participation du reste : coqs, poules et poulets divers, dindons ou coqs d'Inde, oies, canards, pigeons, faisans, pintades et autres animaux de basse-cour.

Comme il n'y a pas un article à passer sous silence dans le programme ministériel, et que nous ne pouvons décemment pas songer à les signaler tous ici, nous engageons ceux de nos lecteurs qui sont le plus intéressés à la question à s'en procurer des exemplaires, soit au ministère, soit aux préfectures ou aux sous-préfectures.

Nous n'insisterons plus que sur un fait qu'on néglige trop souvent : c'est celui des déclarations. Il importe de ne pas oublier qu'elles doivent être arrivées au ministère le JEUDI 24 MAI *au plus tard;* et qu'enfin, si on doit se faire représenter par un tiers, le *pouvoir* doit être fait sur une feuille de papier timbré de 35 c., enregistré, visé par le maire de la commune dont la signature sera elle-même légalisée par le préfet ou le sous-préfet.

En attendant que chacun se dirige vers le grand *pèlerinage industriel* qui se prépare et qui. entre parenthèses, ne sera réellement ce qu'il doit être que dans le mois de juin au plus tôt (en ce moment c'est une véritable Babel), nous voulons faire prendre note d'un perfectionnement considérable qui vient d'être appliqué dans les parages de l'Exposition, à la *pompe à feu* dite de Chaillot. A lui seul, il comporte une révolution tout entière; on en jugera par ce seul énoncé des faits : c'est un procédé de chauffage à l'aide duquel on économise de 45 à 67 pour 100 du combustible; qui permet la suppression des cheminées, la fumée étant totalement consumée elle-même; qui ne laisse subsister aucune crainte d'incendie et qui, enfin, peut s'adapter partout sans rien supprimer de ce qui existe, en modifiant seulement les foyers.

Cette invention n'est point à l'état d'étude; elle est entrée en plein dans la pratique. Les plâtrières dites *du centre,* aux environs de Paris, cuisent déjà pour 1 fr. le mètre cube de plâtre qui leur coûtait précédemment 3 fr. 75 c. à 4 fr.

La marine vient d'en ordonner l'application.

Si l'industrie semble avoir la plus large part dans cette découverte, qui est due à un médecin des environs de Tours, M. Beaufumé, il en revient cependant une assez belle aussi à l'agriculture, qui, en général, ne saurait être étrangère aux bienfaits d'une révolution de ce genre, et qui en particulier, a encore mille moyens d'en profiter ici.

La chaux et le plâtre étant cuits à meilleur marché, nous pouvons en consommer davantage. Mais, indépendamment des autres applications que nous pouvons faire de ce procédé, signalons en première ligne le rôle important qu'il est appelé à jouer dans l'application de la vapeur à l'agriculture.

Déjà, avec les machines actuelles, il y avait avantage marqué ; avec l'économie dont nous venons de parler, les bénéfices seront encore bien plus grands. Mais le point capital est celui de la sécurité qu'on aura à l'égard des *incendies.* Jusqu'à présent, en effet, on hésitait singulièrement à placer des foyers, comme ceux des locomobiles par exemple, tout à côté de matières aussi inflammables que la paille. Aujourd'hui, cette grave difficulté disparaît. Aussi nous proposons-nous de revenir bientôt sur ce sujet, que nous suivons depuis plusieurs années.

M. Lotz fils aîné, de Nantes, est déjà entré en pourparlers avec M. Beaufumé et son concessionnaire dans la Loire-Inférieure, pour appliquer ce merveilleux système à ses locomobiles. Sitôt que nous saurons qu'une solution pratique aura été donnée à ce projet, nous nous empresserons d'en entretenir les lecteurs du *Recueil*.

BIBLIOTHÈQUE IMPÉRIALE IMPR.

Paris. — Typographie de E. et V. PENAUD FRÈRES, 10, rue du Faubourg-Montmartre.

CHRONIQUE AGRICOLE;

Par M. Auguste JOURDIER.

Extrait du Recueil de médecine vétérinaire.

Concours universel d'animaux reproducteurs au Champ-de-Mars ; animaux de basse-cour ; bouc cachemire ; établissements impériaux du Pin, du Camp, de Grandjouan, de la Saulsaie ; la Suisse, etc. — Les moutons *cotswold,* les durham, les flamands et les bretons ; critiques de ces derniers par M. Briot. — Les principaux exposants. — *Desiderata.*

Exposition universelle. — Marche à suivre. — Importance des vitrines du ministère du commerce d'Angleterre. — La machine à moissonner, système Hussey. — Suite de l'itinéraire. — Le hangar agricole.

En vertu d'une décision officielle que nous approuvons fort, le concours général et central d'agriculture vient de passer à l'état d'*exhibition universelle.*

L'administration a eu beaucoup de mal pour commencer, mais enfin elle est arrivée à ses fins. Les portes ont été ouvertes à l'heure dite, et jamais, on peut l'affirmer, plus beau spectacle n'avait été offert au monde agricole.

En entrant par la porte principale du bord de l'eau, en tête du talus qui se continue jusqu'à la caserne d'artillerie de l'Ecole militaire, on constatait tout d'abord un progrès qui n'est que le prélude de beaucoup d'autres. De magnifiques animaux de basse-cour étaient là, à droite, rangés dans une série de cages spacieuses, disposées par trois les unes au-dessus des autres.

Parmi les cent soixante-un lots exposés, M. Gérard en comptait une cinquantaine au moins.

Nous citerons particulièrement, parmi les volailles, son couple de *bramha-poutra ;* trois beaux *crève-cœurs ;* des sujets *cochinchinois* blancs, noirs et jaunes ; de superbes poules du *Gange ;* des oies de *Toulouse* fort estimées dans le pays, où, quand on ne les laisse pas couver, elles donnent de 45 à 50 œufs, plus une plume très-recherchée.

A la tête des concurrents anglais marchait le prince Albert. Néanmoins, les premières et les plus nombreuses palmes sont restées à notre compatriote Gérard, qui a bien partagé un peu avec divers, et notamment avec M. Keyworth, qui a obtenu le premier prix pour coqs et poules *dorkings,* alors que le prince Albert n'a eu que le second.

En suivant sur la même ligne, on rencontrait quelques animaux qui pour

la première fois figuraient dans ces concours, et qui sont loin d'être sans intérêt. Nous mentionnerons notamment un superbe *bouc cachemire,* que bien des gens admiraient comme bélier.

L'ignorance de certains visiteurs était parfois si grande, que nous avons vu des connaisseurs comme on en rencontre beaucoup demander à quelle époque on *tondait* ce bel animal. Le propriétaire a fini par renoncer à répéter que les boucs cachemire ne se tondent point; que c'est avec un peigne qu'on récolte le duvet qui a tant de réputation.

Il nous a assuré que, depuis trois ans qu'il possède cet animal, il en vend régulièrement pour une vingtaine de francs chaque campagne.

Venaient ensuite les races porcines françaises, qui ne supportaient guère la comparaison avec les races étrangères.

Ce bas côté de droite était coupé par les sous-races ovines mâles; enfin, la ligne était terminée par les races porcines anglaises grandes et petites, et par quelques animaux hors concours.

Tout au fond, vers les tribunes des courses, étaient rangés les animaux de l'Etat. Nous signalerons particulièrement la tente attribuée à la vacherie du Pin, si habilement dirigée par M. Malo. Les durhams pouvaient tous supporter la comparaison avec les sujets venus exprès d'Angleterre.

La vacherie du Camp avait également de beaux types; l'Ecole de Grand-jouan aussi. Nous avons noté des croisements durham et ayr-bretons délicieux de forme et de bon état. L'Ecole de la Saulsaie avait de beaux sujets d'Ayrshire purs. Les trois animaux de même race envoyés par l'empereur, tous les trois nés à Villeneuve-l'Etang, étaient très-beaux aussi. Nous ne devons pas omettre de citer les *west-highland,* envoyés par l'établissement de Saint-Angeau.

La race de Fribourg, qui fermait ce carré hors concours, n'était pas aussi remarquable qu'on aurait pu le désirer.

La Suisse était dans ce coin-là sous trois tentes, dont l'une était entièrement consacrée à la race de Schwitz. Nous trouvons toujours les animaux de ces pays fort beaux et fort bons dans le pays même, mais nous n'avons jamais pensé que, à part quelques départements limitrophes, il fût bien sage d'en tenter l'importation. L'exemple de Grignon est là, avec bien d'autres encore que nous pourrions citer.

Pour en finir avec ce côté de l'exposition qui se trouvait entre les tribunes des courses, les bureaux de l'administration et la grille latérale de service, disons que parmi les animaux placés hors concours il s'en trouvait de fort beaux, appartenant notamment à MM. Crisp (de Woodbridge) et Baath (de Sachsendorf). Malheureusement pour leurs propriétaires, ils étaient arrivés trop tard, sans même avoir été déclarés.

Tout à côté se trouvaient les fameux moutons anglais dont on va tant parler maintenant, les incroyables *cotswold,* qui menacent fort de détrôner bien des illustres prédécesseurs, et les dishley eux-mêmes d'où ils sortent et avec lesquels ils ont été fabriqués pourrait-on dire.

Disons en passant qu'en visitant la vaste exposition du ministère du commerce d'Angleterre, en tête de l'annexe, dans la galerie qui longe le bord de l'eau, on pourra voir et toucher les laines de ces moutons et de tous ceux qui ont quelque réputation dans le pays. A la case des *cotswold* on verra, par exemple, que ces animaux se trouvent principalement dans le Glocestershire ; que leur toison pèse en moyenne, lavée à dos, 4 kilogrammes; qu'elle sert pour le peignage, la tapisserie, la bonneterie, et qu'au cours du jour le kilogramme vaut couramment 2 fr. 40 c., soit 9 fr. 60 c. par toison.

MM. Edmund Ruck (du Wittshire) et John King Tombs (du Berkshire) étaient les plus forts exposants de *cotswold.* MM. Gernigon et Allier (de Petit-Bourg) sont les seuls compatriotes, à notre connaissance, qui, dès l'année dernière, aient importé cette si belle race à la suite du concours de Lincoln.

En suivant la ligne en retour jusque vers la porte d'entrée, on passait en revue tous les moutons français et étrangers. Les cotswold tenaient surtout et toujours la tête; ils étonnaient par leur carrure, leur ampleur de taille. Il eût été difficile de rien trouver de plus large, de mieux entendu pourrait-on dire. Les autres races anglaises étaient belles également, mais elles ne soutenaient pas la comparaison comme nous dans les emprunts de races.

Nos durham français se sont fait admirer en tête par le taureau parfait de M. Boutton-l'Evêque, premier prix. Nous avons entendu des amateurs superficiels s'évertuer en présence du taureau présenté par lord Talbot, et trouver celui de M. Boutton-l'Evêque bien petit. Mais il faut bien remarquer que l'un avait *sept ans deux mois* et n'était pas irréprochable dans ses formes; l'autre, admirable sous tous les rapports, n'avait que *vingt-sept mois.* Il a, d'ailleurs, du sang de *Phœnix*, que nous venons de citer.

La race flamande et la race charolaise n'ont pas été ce que nous pensions les trouver, cette dernière surtout ; elle était bien mieux représentée au dernier concours général d'Orléans. La race bretonne a fait fureur, non pas à cause de son mérite spécial ici, comme nous le verrons plus loin, mais bien à cause des qualités réelles qu'elle possède sans conteste. Ses partisans ont été si nombreux à la vente qui a suivi l'exposition, que les prix, qui sont déjà fort élevés dans le pays, vont monter outre mesure.

« Cependant, » nous écrit à cette occasion l'honorable président du comice de Quimper (Finistère), M. Briot, « notre amour-propre de Breton a « été un peu humilié de voir nos bonnes races de Bretagne si misérablement « représentées. L'éloignement, la difficulté des transports et un peu l'apa- « thie de nos populations en ont été, sans doute, la cause ; mais toujours

« est-il que, pour la race bovine, l'exposition bretonne à Paris était de « beaucoup au-dessous des exhibitions de nos simples comices de canton.

« Aucun des taureaux qui ont été primés, » ajoute-t-il, « n'était remar- « quable pour ses formes; tous étaient petits, et le meilleur ne se serait pas « vendu 120 fr. sur nos foires, tandis que dans le canton de Quimper nous « en possédons plusieurs dont on refuse 240 et jusqu'à 600 fr.

« Quant aux vaches primées, elles étaient bien médiocres et représentaient « nos races bovines absolument comme les chevaux d'Ouessant et de Pen- « marc'h peuvent représenter les races chevalines de Bretagne.

« Néanmoins, notre race n'en a pas moins été l'objet d'une haute consi- « dération de la part des éleveurs de toute la France; mais le mouvement « en sa faveur eût encore été bien plus prononcé, si elle avait été représen- « tée par nos belles laitières qui donnent dans nos concours *onze litres* « *de lait* d'une seule traite, et par les taureaux étoffés qui remportent les « premiers prix de nos comices. »

Parmi les exposants en général, on pourrait mentionner les noms les plus illustres. Nous citerons pour l'Angleterre : S. A. R. le prince Albert, et nous dirons ici, en passant, que ce n'est point un simple amateur de luxe. Nous avons visité ses fermes, et nous pouvons assurer qu'elles sont bien menées et qu'il prend une part sérieuse dans leur direction. Venaient ensuite : MM. Webb, Wyther, Steward Marjoribanks, Bakes, lord Feversham, sir Nugent, Cartwright, Thomas Crisp, madame Georgina Oldic, lord Talbot, etc. Pour la Suisse, nous citerons: MM. Karlen, Jaton, Mudler, Uhr, Esseiva, etc.; pour la Hollande: MM. Hoek, van der Wel, Spruyt; pour la Belgique: MM. d'Aspremont, Haltenner, de Saint-Hubert. Quant aux exposants français, jamais ils n'ont été si nombreux ni si bien choisis. Il nous faudrait trop de place pour les citer tous, car ils ont tous des noms connus et réputés: madame la princesse Bacchiochi ne se plaindra certes pas de la compagnie. En présence de cette affluence de célébrités et de produits exceptionnels, il n'y a qu'une chose à regretter, c'est le peu de temps pendant lequel on a pu voir ce concours; mais il a fallu se courber devant les difficultés d'une prolongation et savoir se contenter.

Tous nos bons pays reproducteurs étaient bien représentés; on en jugera plus complétement, d'ailleurs, par les noms des lauréats, dont chacun a eu l'occasion de parcourir la liste qui a été reproduite par tous les journaux qui ont de la place.

Maintenant, arrêtons-nous un instant à une question de détail qui cependant ne manque pas d'importance. L'administration a pris à sa charge les frais de transport et de nourriture des animaux étrangers. C'est de bon goût, et personne ne se plaindra de cette mesure; mais ne serait-il pas possible et juste d'en faire autant pour nos nationaux ?

Nous ne prétendons pas que notre observation soit déterminante; mais, en considérant qu'elle est l'expression des vœux unanimes de nos producteurs, nous nous plaisons à espérer que l'année prochaine on tiendra compte de leur désir. On leur doit bien, d'ailleurs, quelque chose pour l'empressement qu'ils ont mis à répondre à l'appel qui leur a été fait. Ce serait là un excellent moyen de les en remercier.

Quittons maintenant le Champ-de-Mars, qui, soit dit en passant, se trouvait transformé pendant la durée du concours en véritable champ de paix, et, traversant la Seine, visitons un peu le palais de l'Industrie.

Il faut en prendre son parti, l'Exposition est très-difficile à étudier au point de vue agricole. Nous allons cependant tâcher de faire profiter nos lecteurs de l'expérience qui nous est acquise par de nombreuses visites pour leur indiquer quelle est la meilleure marche qu'ils devront suivre.

Il faut, à notre avis, entrer par la porte de l'annexe qui fait face à la place de la Concorde. Dès les premières travées, on rencontrera l'exposition anglaise, qui est extrêmement remarquable.

Nous engageons tout d'abord MM. les vétérinaires à monter le premier escalier de gauche conduisant à la galerie dite *du bord de l'eau*. Ils arriveront bientôt à l'incomparable exposition du ministère du commerce d'Angleterre, qui a été organisée avec uu rare talent par M. Wilson, professeur à Edimbourg. Là, sur une étendue de 25 mètres, ils trouveront réuni tout ce qui peut les intéresser au point de vue agricole et vétérinaire. Ils pourront y faire une étude complète sur les produits de ce pays.

Comme bétail, on remarquera des têtes empaillées des plus beaux types connus: Hereford, Durham, West-Highland, Angus, etc.; une série de portraits de ces mêmes races; enfin, des échantillons de laines admirablement classés.

Chaque case contenant ces laines porte une étiquette sur laquelle on trouve tous les renseignements que l'on peut désirer. En voici l'énumération textuelle:

Race pure ou croisée (suivant le cas).

Nom exact de la race.

Contrées où elle est élevée.

Moyenne du poids de la toison.

Usages auxquels elle est destinée.

Prix courant par kilogramme.

Les produits du sol ne sont classés ni avec moins d'ordre ni avec moins de méthode; chacun d'eux est accompagné d'une carte répondant en regard aux indications que voici:

Ordre.

Genre.

Espèce.
Variété.
Localité précise de la cultivation.
Mode et temps de la semaille.
Quantité de semence.
Epoque de la moisson.
Produit.

Il y a là, comme on le voit, d'immenses et de précieux éléments d'études. Mais le temps nous presse ici, il nous faut revenir sur nos pas et nous arrêter au rez-de-chaussée, devant les instruments agricoles anglais.

Nous signalerons surtout à l'attention, en attendant que nous puissions y revenir en détail, la machine à fabriquer les tuyaux de drainage de M. Whitehead, l'une des plus estimées dans ce pays. Elle est extrêmement bien construite.

A côté, les collections de M. Clayton sont loin d'être sans intérêt. Nous citerons encore la baignoire à moutons de M. Thomas Bigg, le dynamomètre à quatre roues de Bentall (1), la sarcleuse de Garrett, qui se distingue de toutes les autres par la faculté qu'elle possède de pouvoir travailler de chaque côté des raies plantées et en travers de celles-ci dont elles *éclaircissent* les plants à volonté. Elle est déjà achetée par M. le vicomte de Curzay.

Les charrues Howard sont très-remarquables ; ce sont elles qui ont semblé avoir le plus de succès dans les expériences de Trappes.

La moissonneuse, système Hussey, est celle qui continue à fixer le plus l'attention des connaisseurs.

Cette machine (2) a été importée d'Angleterre, l'année dernière, dans les landes de Gascogne par M. Féry, administrateur-gérant de la Société des rizières de La Teste ; elle a parfaitement réussi à la coupe du riz. Nous l'avons vue sur place, et nous pouvons affirmer qu'elle a fort convenablement résisté à l'épreuve.

Assez légère pour bien fonctionner sur un sol mouillé, s'il n'est pas dé-

(1) Nous craignons fort qu'on ne puisse plus revoir ce dynamomètre à sa place ; il est revenu des expériences de Trappes littéralement *mutilé*. Il était coté avant 750 fr. ; il vaut aujourd'hui son poids comme ferraille.

(2) Construite et perfectionnée par W. Dray, de Londres, c'est elle qui a eu le prix à Lincoln en 1834. Elle pèse 500 kilogrammes, timon d'attelage et accessoires compris.

MM. Garrett, de Leistonworks (Suffolkshire), en fabriquent également du même système, qui sont des plus estimées dans toute l'Angleterre. Nous ne craignons donc pas de les recommander de la manière la plus spéciale.

La figure que nous donnons ici représente très-exactement les moissonneuses qui sortent de leurs ateliers.

foncé, elle fauche, quand la terre est sèche, avec un attelage de deux chevaux aisément 3 hectares dans une journée de dix heures, et 5 hectares avec deux attelages se relayant de deux heures en deux heures.

La partie tranchante de l'instrument est une sorte de scie à dents de 5 centimètres de largeur, ayant la forme d'un V très-ouvert ; cette scie a 1 mètre 40 centimètres de longueur et fauche une zone de cette dimension. Sa vitesse, dans son mouvement de va-et-vient, est de vingt fois celle de l'attelage.

Machine à moissonner (système Hussey), exposée par M. W. Dray et fabriquée également par M. Garret.

Dans la disposition primitive de l'instrument, il existait derrière la scie un plateau à bascule sur lequel tombait la javelle. Un homme, assis sur la machine, armé d'un râteau, arrangeait les pailles en les rejetant en arrière, comme on le voit dans le dessin ci-contre.

Ayant à l'appliquer à la récolte du riz, dont la paille est courte et l'égrenage extrêmement facile, M. Féry a dû modifier cet appareil.

Le plateau en question a été remplacé par un récepteur en toile, disposé en forme de *bâche de diligence* et tenu par quatre crochets à des cerceaux en fer plat, qui forment cage.

Le manœuvre, placé sur la machine comme précédemment, pousse le produit de la coupe dans le récepteur (1), qui est décroché vivement quand il est plein, puis vidé sur des toiles tendues dans le champ à des distances convenables, variant de 60 à 100 mètres. Une toile de rechange est mise en place pendant que l'autre se décharge.

Cette disposition nouvelle emploie quatre hommes pour tout le service, le conducteur compris.

Au moyen du récepteur, la récolte se trouve parfaitement ramassée, *sans la moindre perte de grain* ni de paille, et prête à être mise sur les charrettes : résultat très-important en ce qui concerne le riz, car par les procédés ordinaires du moissonnage il était impossible d'éviter une perte de grain qui dépassait souvent la valeur d'une semence.

En supprimant tout appendice à la scie, c'est-à-dire le plateau sur lequel repose ici le râteau de l'ouvrier, ou la *bâche* dont nous venons de parler, le résultat n'est pas moins satisfaisant quand il s'agit d'une récolte non susceptible de s'égrener.

La javelle s'étend alors uniformément dans toute la largeur de la zone attaquée, et le conducteur des chevaux suffit au service. C'est ainsi qu'on opère pour couper les foins, les luzernes, etc.

Nous avons visité cette machine sur place, avons-nous dit ; nous pourrions donc nous étendre plus au long sur les avantages qu'elle présente, sur les services qu'elle a rendus et qu'elle rendra encore. Mais nous aimons mieux nous borner à citer un fait qui en dira plus que tous les éloges que nous pourrions en faire : c'est que M. Féry en a fait construire trois nouvelles pour la moisson de 1855, et qu'il a été prié par ses amis, par ses voisins, et par les actionnaires de la Société eux-mêmes, d'en faire construire rien moins qu'une douzaine pour la présente année.

Comme il faudrait tout un article pour signaler, même succinctement, cette partie de notre exposition agricole, poursuivons notre chemin sur la droite ; nous passerons devant les magnifiques produits agricoles du Canada. Nous laisserons sur la gauche la machine à battre de Paige et Comp., les moissonneuses américaines, etc.

Entre les colonnes 35 et 36 se trouvent les aratoires autrichiens, qui sont placés sous la direction de M. Auguste Bella. Il y a énormément à voir dans

---

(1) Pour bien faire comprendre cette disposition, nous dirons que, par exemple, les brins coupés qui sont figurés à l'arrière de la machine, au lieu de porter, comme ici, sur le sol, seraient déjà dans la *bâche-sac*, qui présente sa gueule pour recevoir ce qui est coupé, exactement de la même manière que les sacs qui reçoivent le grain des machines à battre. Seulement, dans ces dernières ils sont fixes, immobiles et placés verticalement, tandis qu'ici ils sont remorqués horizontalement par la moissonneuse même.

les seules collections de M. Horsky. C'est près de là aussi que sont placées les laines du célèbre troupeau d'un agronome dont le nom est à juste titre vénéré : Thaer.

Sur toute la ligne du rez-de-chaussée il y a à glaner ; il faudrait cependant pouvoir monter sur la galerie qui est du côté du Cours-la-Reine. Il y a à voir vers le numéro 49 le très-entendu *modèle de ferme* exposé par M. Bortier. On ne peut se dispenser d'examiner avec tout l'intérêt qu'elle mérite cette délicieuse miniature, où aucun détail utile n'a été négligé.

Plus loin, que de temps ne faudrait-il pas pour étudier à fond la collection de M. Vilmorin ? Il nous faut cependant passer outre aujourd'hui, sans même nous arrêter devant les produits de l'Algérie, sortir par la porte du milieu de l'annexe pour traverser le Cours-la-Reine et entrer sous le hangar agricole, si on a un billet de saison ou une carte d'exposant ; sinon, il faut revenir à l'escalier de jonction, en laissant au pied de celui-ci, à droite, les appareils de *pisciculture* du Collége de France, le petit marais à sangsues de M. Borne. Avant ou après la traversée du Panorama, on sortira par la gauche et on sera dans ce qu'on appelle le Jardin ; c'est là qu'on a eu l'*intention* de réunir les produits et le matériel agricoles.

Deux hangars sont dressés ; le plus grand contient des instruments et des machines dans sa plus grande partie, l'autre est réservé aux produits.

Le petit hangar qui est à côté abrite surtout des objets d'agriculture, la collection de trente et quelques modèles de M. Moysen, etc.

Dehors, tout est intéressant à étudier : procédons par ordre cependant, si c'est possible ; entrons sous le grand hangar du côté des tourniquets, vers le Cours-la-Reine, prenons l'allée de droite. Sur notre gauche nous laissons un instant la belle collection belge, en face divers bons instruments aussi.

Arrivés près de l'exposition de l'institut célèbre de Hohenheim, remarquable par d'ingénieux modèles au sixième, étalés sur une table à côté des engrais saxons, nous n'aurons plus qu'un pas à faire et nous serons en face du *trieur Vachon,* dont nous avons donné la description et le dessin dans notre *Chronique trimestrielle* du mois d'octobre 1854.

La place nous manque aujourd'hui pour signaler en détail un certain nombre d'autres instruments de mérite, sur lesquels il est cependant temps d'appeler l'attention. Sans sortir de ce grand hangar, recommandons, presqu'en face des trieurs Vachon, à côté de leur grand appareil pour la meunerie : le petit semoir à 42 fr. de Moehl ; et plus loin, en remontant, le tarare Vilcocq (de Meaux) ; le nettoyeur cylindrique Pernolet ; les remarquables machines à battre, à vapeur ou à manége, de M. Lotz aîné (de Nantes) ; celle de M. Rouot (de Chatillon-sur-Seine), à manége parfait et à aérateur unique pour l'absorption de la poussière ; la moissonneuse Cournier ; l'épuratrice veuve Champion, pour les terres à tuyaux de drainage; les spécimens de M. le marquis de Bryas; puis, en retour, les fiche-échalas Duguay; la belle exposition de Grignon; la charrue Parquin; celle de Dumont (de Juvisy); la baratte Hélouin et celle de *Caters,* qui s'est montrée supérieure dans les essais qui viennent d'être faits récemment par le jury.

Dans l'exposition de M. Decrombecque, de Lens (Pas-de-Calais), nous mentionnerons particulièrement l'*extirpateur* dit de lord Ducie, qui peut à volonté être transformé en scarificateur ou en herse norwégienne; la houe à cheval à trois couteaux; la fouilleuse, le hache-paille à main et la *herse à couteaux,* qui est aussi peu connue qu'elle est excellente. Après les défrichements, par exemple, elle divise les gazons, les racines, sans les ramener à la surface du sol, tout en produisant un tassement favorable et régulier du terrain.

Il résulte de là une homogénéité qui n'avait encore pu être obtenue jusqu'à ce jour avec tous les moyens ordinaires dont on disposait: les rouleaux tassaient sans diviser; les herses bouleversaient tout, sans qu'il fût possible de réparer le mal.

Nous devons bien des remercîments à M. Decrombecque pour l'importation de cette *herse à couperets,* qui a déjà bien intrigué des visiteurs et que nous n'avions vue encore nous-même qu'au Musée de Bruxelles, où M. Decrombecque a eu la bonne idée d'en saisir tout le mérite au point d'en faire construire une pareille.

On ne manquera pas non plus de visiter la 848e machine à battre de M. Duvoir; le four Roland, tout en fonte et en fer; tous les instruments de M. Gustave Hamoir; le semoir Jacquet-Robillard.

Entre le Panorama et le hangar, nous mentionnerons encore: la locomobile Calla; toute la série des défonceuses Guibal; le très-excellent manége Pinet; le tonneau et la brouette des pâtres de M. Victor Chatel; la pelle à cheval et le rouleau de Grignon, et l'instrument multiple, sarcloir-rayonneur-extirpateur, etc., récemment arrivé, de M. Le Docte.

Nous signalerons encore çà et là comme très-dignes de fixer l'attention: le coupe-racines de M. Bertin-Godot; le sarcloir, le semoir, le moulin et le rouleau articulé de M. Claes (de Lembecq); la charrue de MM. Fondeur et Piton; la herse en haie de M. de Troède de Soucy; le rouleau de M. Letessier; le petit plantoir et le rayonneur-sarcloir Le Docte; le coupe-racines double et toute la collection de Mettray, etc.

On voit, par ce simple exposé, que la tâche du chroniqueur est grande; c'est dire que la partie agricole de l'Exposition est sérieuse et belle; et nous n'avons pas encore parlé des *produits* cependant! Mais chaque chose viendra en son temps Tout ce que nous pouvons assurer, c'est que nous ne négligerons rien pour remplir notre mission dans les limites de nos forces et du possible relativement à la place qui nous est réservée.

Jamais l'occasion ne fut meilleure pour s'instruire; nous n'en exceptons pas même l'Exposition de Londres, ce qui n'est pas peu dire; nos voisins en conviennent franchement aujourd'hui.

IMPR.

Paris. — Typographie de E. et V. PENAUD FRÈRES, 10, rue du Faubourg-Montmartre.

CHRONIQUE AGRICOLE;

Par M. Auguste JOURDIER.

Extrait du Recueil de médecine vétérinaire.

BIBLIOTHÈQUE IMPÉRIALE

EXPOSITION UNIVERSELLE.

Comparaison avec l'Exhibition de Londres. — Machines à fabriquer les tuyaux de *drainage* de MM. Clayton et Wittehead. — Spécifique Bigg contre les maladies de peau des *moutons*. — *Bineuse-éclaircisseuse* Garrett. — *Dynamomètre* de Bentall. — *Charrues* Howard, Ransomes, Bell, Busby. — *Extirpateur* Coleman. — *Locomobiles.* — Ebarbeuse d'*orge* de Barrett. — Appareil Stanley pour la *cuisson des légumes* à la vapeur; *idem* de Charles et Comp. — *Faneuse* Smith et Ashbys. — *Moissonneuses* Mac-Cormick, Manny, Atkins; *machines à battre* de Paige et de Pitts. — *Baratte* de M. le comte Morelli. — Modèle de *ferme* de M. Bortier. — Instruments de MM. Borroch et Jasper. — *Charrue* Thaër. Machine à tuyaux de *drainage* de Schlosser et Comp. — *Stalles d'écurie* de Cottam. — Instruments de M. Guillaume Hamm. — *Godets-graisseurs-régulateurs* de Coquatrix. — *Locomobile* Calla. — *Défonceuses* Guibal. — *Pelle à chenal* et *rouleau-brise-mottes* de Grignon. — *Manège* Pinet. — Appareils multiples de M. Le Docte. — *Charrue* Armelin. — Divers instruments belges. — *Moissonneuse* Cournier. — *Machine à battre* de Rouot. — *Chalet-Bryas.* — *Fiche-échalas* et *sécateur* Duguay. — Collection de *Grignon.* — *Charrue* Parquin. — *Semoir* Saint-Joannis. — *Moulin* Bouchon. — *Féculerie* Saint-Etienne. — *Barattes* diverses essayées. — *Semoir* Jacquet-Robillard. — *Machine à battre* de Duvoir de Liancourt. — *Four* à sole tournante de Roland. — Le jury et les exposants.

Nous n'avons pu que passer bien rapidement en revue, à la fin de notre dernière *Chronique*, la partie agricole de l'Exposition qui pouvait nous intéresser ici. Nous voulons aujourd'hui, non pas compléter entièrement cette laborieuse tâche, tout ce numéro du *Recueil* n'y suffirait pas, mais au moins dégrossir un peu plus notre première ébauche. Puisqu'alors nous avons procédé en commençant par l'annexe, du côté de la place de la Concorde, nous suivrons, si on le veut bien, ce premier chemin tracé, celui que préfèrent, d'ailleurs, les personnes bien informées qui veulent d'abord étudier l'utile avant de s'exposer à être éblouies par les merveilles qui sont amassées partout, mais sous le Panorama et le palais principal surtout.

Avant d'entrer, par quelque porte que ce soit d'ailleurs, il n'est guère de visiteur qui ne se pose mentalement cette question : « Sous tel ou

1855

(C.)

tel rapport, l'Exposition actuelle est-elle supérieure ou inférieure à celle de Londres? »

Le lecteur d'un compte rendu spécial est naturellement bien plus enclin à se faire cette demande, et, n'étant pas aux prises avec les difficultés d'exploration, il tient à avoir tout de suite une réponse.

Cédant à ce désir que nous pressentons très-bien, nous allons tout d'abord essayer d'y faire droit, nous réservant de justifier ensuite notre appréciation par des faits.

La partie agricole de la présente Exposition est-elle bien raisonnablement comparable à celle de Londres? C'est là un premier point auquel nous sommes tenté de répondre négativement.

Lui est-elle supérieure? Nous penchons ici pour l'affirmative. Reprenons.

A Londres, les constructeurs du pays dominaient, ils brillaient même d'une manière transcendante; la France était *pitoyablement* représentée, c'est là le mot, il n'est pas contestable.

A Paris, les Anglais brillent encore; les nationaux, au contraire, sont, comme ensemble et relativement, à plusieurs coudées de ce qu'étaient chez eux nos voisins.

Comme quantité, les Français tiennent la corde si l'on veut; mais comme qualité, comme condensation surtout, l'Angleterre et la Belgique ont ici le premier rang.

En quoi consiste donc la supériorité que nous sommes disposé à accorder à l'Exposition actuelle? Tout simplement dans une agglomération plus complète, plus parfaite, de ce qu'il y a de bon partout, ce qui n'existait pas à Londres, où la France surtout avait fait à peu près défaut.

Encore une observation générale. On avait admis que tout ce qui concerne l'agriculture serait réuni sur un même point; le programme était beau, mais les moyens d'action ont sans doute manqué.

D'un bout de l'annexe à l'autre on rencontre çà et là des instruments ou des produits épars, isolés; on trouve de ces derniers jusque dans le palais principal.

Veut-on comparer les exposants les plus importants dans les produits? On trouve la superbe exposition du ministre du commerce anglais (*board of trade*), déjà signalée par nous, d'un côté ; M. Vilmorin de l'autre ; l'Algérie à la suite ; M. Courtois-Gérard sous le hangar du jardin.

Veut-on juger des machines et des instruments? L'Angleterre a sa place en tête de l'annexe, l'Autriche plus loin, la France et la Belgique sous un abri douteux ou en plein vent. C'est regrettable !

Rien n'eût été beau et instructif cependant comme la partie agricole, si elle eût été rassemblée avec ordre au lieu d'être disséminée partout, au hasard, jusqu'au fond de l'annexe, de tous les côtés enfin, sans profit pour personne.

Prouvons pourtant qu'il y a, malgré ce désordre, de bien beaux et de bien bons éléments d'étude pour l'agronome, le propriétaire, l'exploitant du sol quel qu'il soit, et pour le constructeur jaloux de son métier. Ajoutons aussi que depuis les visites du jury de la troisième classe bien des objets ont été rassemblés. Ceci posé, poursuivons.

L'exposition anglaise, qui fut la première installée, est surtout remarquable par la *qualité* des articles qui la compose.

En l'abordant, comme nous sommes convenus de le faire, l'attention est tout d'abord attirée par l'enseigne de la maison Clayton, dont le nom rappelle tout de suite les premières machines à fabriquer ces fameux tuyaux de drainage qui ont contribué pour une si large part à l'accomplissement d'une révolution agricole bien entendue dont nos voisins recueillent déjà les fruits.

La maison Clayton n'a rien négligé pour justifier et pour soutenir son ancienne réputation. Elle a présenté notamment une machine à plusieurs fins, qui reçoit la terre glaise telle qu'on l'extrait du sol et la rend toute prête à être moulée, soit en tuyaux de drainage, soit en briques creuses, soit en carreaux, soit en briques pleines, et cela à l'aide de simples pièces de rechange. Ses cylindres pour épurer les terres, qui sont peut-être ce qu'il y a de mieux dans ce genre, n'ont pas été présentés ; nous le regrettons vivement.

A côté de M. Clayton s'est établi un redoutable concurrent, M. Wittehead, représenté par M. Reginald Coorck, qui toute la journée fait étirer des tuyaux sous les yeux du public.

Il est difficile de rien désirer de plus complet, de mieux fini, de plus solide, que la machine de M. Wittehead, qui fait en dix minutes 520 tuyaux de 6 centimètres de diamètre et de 37 centimètres de long; aussi est-elle des plus estimées non-seulement en Angleterre, mais encore dans presque tous les pays étrangers.

Le moulin à surfaces d'acier de Hurwoods et la baignoire à moutons de M. Thomas Bigg attirent bien quelque peu l'attention des propriétaires (1), mais on s'arrête surtout devant la nouvelle bineuse de M. Garrett, qui non-seulement coupe l'herbe entre les rangs de betteraves ou de navets, mais encore éclaircit ceux-ci à l'aide d'un disque discontinu qui remplace la main de l'homme. Aussi cette machine, qui n'avait encore paru qu'au concours de Lincoln, a-t-elle été achetée dès les premiers jours, comme nous l'avons déjà dit, par un de nos bons agriculteurs français, M. le vicomte de Curzay.

Nous devons revenir encore sur le fameux dynamomètre de Bentall. Cette superbe pièce de précision, qui n'était pas cotée moins de 750 fr., a été réparée. Mais c'est en réalité avec celui du général Morin, monté à l'instar du précédent, que le plus grand nombre d'expériences ont été faites.

C'est avec ce dynamomètre qu'on a pu constater la grande supériorité de la charrue Howard sur toutes celles qui lui ont été comparées. Tandis qu'une charrue de Grignon, très-estimée cependant, exigeait un tirage comme 30, celle de Howard n'en prenait que comme 15; c'est juste le double de différence. Depuis, on a fait de nouvelles expériences qui ont été favorables à Grignon.

Disons qu'on reproche à la charrue Howard d'avoir un soc trop étroit et, par conséquent, de ne pas couper la terre entièrement. C'est probablement à cette cause qu'elle a dû primitivement sa supériorité, mathématiquement parlant. C'est là un fait que le jury fera connaître

(1) Faute de renseignements sur la composition du spécifique à l'aide duquel M. Bigg prétend guérir presque toutes les maladies de la peau des moutons, nous passons outre, en constatant toutefois qu'il produit un grand nombre d'attestations reconnues très-honorables pour prouver la valeur de son remède, qui revient de 10 à 15 centimes par tête environ, suivant la quantité qu'on a à traiter.

bientôt sans doute. De plus, elle plaque sa terre, comme on dit. Soyons juste en ajoutant qu'elle nettoie sa raie avec un luxe de netteté, c'est vrai, mais qui est loin d'être indispensable en culture.

Cette même maison n'avait d'abord exposé qu'un jeu de ces merveilleuses herses parallélogrammiques accouplées que nous nous plaisons tant à recommander. Depuis peu, il en est arrivé un autre. Quelle honte pour la France de voir qu'on peut coter ce triple instrument incomparable à 93 fr. seulement! Quand donc les droits que nous payons aux maîtres de forges seront-ils assez réduits pour que nous puissions enfin employer les instruments perfectionnés dont nous avons tant besoin? Ils viennent de l'être de 10 fr. par 100 kilogrammes (15 fr. au lieu de 25). C'est là un bon précédent que nous nous plaisons à enregistrer.

La charrue Ransomes, qui a fait une rude concurrence à celle de Howard, a été essayée aussi et semble avoir été placée au-dessous de sa rivale. Elle est bien bonne cependant et sera peut-être préférée par les praticiens, qui ne s'en rapportent pas toujours au dynamomètre. La preuve, c'est que, malgré les témoignages de cet instrument de précision, le directeur de Grignon, M. François Bella, a préféré la charrue Ransomes. Il l'a achetée 137 fr. sur le champ d'expériences même; c'est qu'il a porté son jugement en laboureur et non en savant.

Nous ne pouvons parler de la charrue de Ball sans exprimer le regret qu'ont éprouvé les amateurs de la voir porter inutilement à Trappes, où elle n'a été essayée qu'à la fin; elle en méritait la peine. Celle de Busby a travaillé convenablement, dans le goût de toutes les bonnes charrues anglaises, proprement et d'une manière satisfaisante, sous les réserves faites plus haut pour le soc.

L'extirpateur Coleman avait été jugé digne de l'essai aussi; on n'a pas eu le temps de l'atteler la première fois. Nous savons qu'en Angleterre il est très-estimé, nous l'avons vu à l'œuvre en Ecosse; il a toujours justifié sa réputation; cependant le 14 août, à Trappes, il ne nous a pas satisfait.

Que dire des trois superbes locomobiles, parmi lesquelles on distingue celle de MM. Clayton, Schuttleworth et Comp., L'EMPEREUR. Comme construction finie, elles ne laissent rien à désirer; mais que ne fonctionnent-elles plus souvent sous les yeux du public, qui pourrait alors juger des ajustages, de la force réelle, du prix de revient approximatif de celle-ci? Elle était superbe à Trappes le 14 août. Depuis, elle a été essayée au Conservatoire. Nous ferons connaître les résultats qu'on a obtenus avant peu.

Les trois machines à battre portatives de MM. Garrett, Hornsby et Clayton-Schuttleworth, les propriétaires des locomobiles précitées, sont très-bien établies aussi; c'est celle de ce dernier qui semble mériter la préférence.

Quant aux moissonneuses, ce n'est plus celle de M. Hussey, exposée par MM. W. Dray, qui offre le plus de garantie. Bien qu'elle ait fait ses preuves en Angleterre et en France, elle a été battue à Trappes. Quant à celle de M. Croskill, elle a à peine pu marcher (système Bell). Celle de MM. Burgess et Key (système Mac-Cormick) est loin d'inspirer et de justifier la même confiance qu'on accorde au système pur de Mac-Cormick.

Parmi les semoirs anglais, ceux de MM. Hornsby, Garrett et Smyth ont d'abord été remarqués par le jury, qui les a fait transporter à Trappes, où ils n'ont pu cependant être essayés alors, comme tant d'autres; mais ils l'ont été depuis sur du plâtre en poudre et à la fête du 14. Nous en verrons en Belgique et en France qui sont infiniment supérieurs à ceux de ces messieurs, des rouleaux brise-mottes aussi. Indépendamment de ce qui précède, disons que nous pouvons leur envier encore : 1° d'excellentes machines fixes, bien qu'à Haine-Saint-Pierre et à Paris chez M. Flaud, et à Liancourt chez M. Duvoir, on puisse trouver aussi bien; 2° un très-simple nettoyeur d'orges des Barrett Exall et Andrews, qui se sont laissés distancer pour leur manège par MM. Rouot (de Châtillon-sur-Seine) et Pinet (d'Abilly près Tours). Citons encore le moulin Clayton-Schuttleword, le concasseur Stanley, qui a bien la prétention de s'appeler moulin aussi, et enfin les *déchaumeuses* de Smyth et Ashbys.

Personne n'a encore dépassé M. Stanley dans la construction de son appareil à faire cuire les légumes à la vapeur (1), si ce n'est la maison

(1) Voir le dessin de cet appareil dans notre *Chronique* de juillet 1854.

Charles et Comp. (de Paris), qui fait aussi bien, plus simple, à meilleur marché et propre à faire la lessive, etc. M. Croskill ne l'a été que très-peu pour son laveur de légumes.

Nous avons la même observation à faire pour les machines à faner ; nous sommes si pauvres en constructeurs que ceux mêmes qui ont le plus de facilités ne savent pas en profiter. Nous pourrions citer l'exemple d'un fabricant de Paris auquel le Conservatoire permet d'emporter ses modèles afin qu'il puisse les copier à son aise. Eh bien, cet industriel a si peu l'instinct de son métier, que tout ce qu'il veut imiter de bon devient mauvais ou médiocre entre ses mains. Il a voulu faire des faneuses, mais aucune ne pourrait certainement supporter la comparaison avec les originaux.

C'est donc encore à MM. Smyth et Ashbys (de Stamfort) que reste la palme. Leur machine, essayée à Trappes, marchait mal d'abord en l'absence de quelqu'un d'entendu ; le régisseur, M. Baron, est arrivé à temps et lui a fait faire des merveilles, au grand étonnement des curieux amateurs. Nous la recommandons donc avec connaissance de cause à l'attention des visiteurs. A la fête princière du 14, elle n'a rien laissé à désirer du premier coup.

Quant au petit modèle de la charrue à vapeur de M. Usher, que les représentants de M. W. Dray montrent avec complaisance, il nous a semblé n'être que le germe d'une utopie tel qu'il est exécuté actuellement.

Nous signalerons peu de chose dans l'exposition des petits instruments du Canada, si ce n'est la charrue de M. Bingham et celle de M. Morse, qui ont été essayées à Trappes et qui ont bien fonctionné ; elles sont rentrées chacune avec un mancheron de moins, avec celle de M. Paterson, qui n'a pas été expérimentée. Mais parmi les grosses machines nous avons d'importantes mentions à faire.

De renseignements pris, la fameuse machine à battre de MM. Paige et Comp. est bonne comme machine, mais son manège est détestable. Vouloir faire marcher les chevaux sur un sol fuyant, c'est s'exposer à mille déboires, dont le moindre est la suspension fréquente du travail par suite des étourdissements que les animaux éprouvent à faire ce genre de métier d'*écureuils*, auquel ils ne sont pas disposés à s'habituer. A Trappes on a dû renoncer à l'expérience, les chevaux tombaient à chaque instant.

Quant aux moissonneuses américaines système Mac-Cormick, exposées par lui-même, Atkins ou autres, elles ont effrayé un peu les praticiens dès l'abord, à cause du luxe des bois de prix et des ferrements bien polis; mais depuis, les expériences de Trappes sont venues considérablement modifier l'opinion, même des plus sceptiques. En effet, la machine Mac-Cormick a eu un succès complet à toutes les épreuves; elle a pu couper plus de 1 are à la minute! Celle de Manny l'a suivie de près, ainsi que celle qu'on connaît sous le nom d'*automateur* d'Atkins (construit par Wright). La machine à battre de Pitts, de l'Etat de Buffalo, s'est très-bien tirée d'affaire à Trappes; elle dévore littéralement la gerbe, 360 à l'heure! Mais elle rend la paille massacrée et exige la force de 8 à 9 chevaux vapeur.

Nous tenons à signaler, vers la colonne 19 D, une baratte en *fonte émaillée* de M. le comte de Morelli, qui nous paraît être précieuse par le seul fait des matières employées. On sait combien tout ce qui sert dans les laiteries a besoin d'être propre *quand même;* le métal émaillé nous semble donc être une heureuse idée. Ajoutons que le système adopté par M. Morelli pour obtenir le beurre est loin d'être mauvais; il repose sur le principe des chocs que produisent deux courants opposés, très-favorables à la rupture des molécules butyreuses, fait qui détermine, comme on le sait, ce qu'on appelle la prise de beurre.

Les deux charrues toscanes de Lambruschini, qui sont non loin de là, ont été essayées à Trappes. Bien qu'elles soient construites géométriquement, elles n'ont pas donné des résultats bien remarquables; il y a eu tout au moins doute sur leur mérite.

Aux propriétaires amateurs qui veulent faire construire une ferme aussi convenable que possible et résumant les derniers perfectionnements de l'architecture rurale actuelle, nous recommandons de monter sur la galerie qui longe le Cours-la-Reine et d'examiner avec soin, dans la travée 42-43, le modèle de la ferme de Ghistelles, exposé par M. Bortier (d'Adinkerke), d'accord avec M. Horeaux et Alleweireldt, et après avoir consulté les plus fameux agronomes. Il a réalisé l'idéal d'un établissement agricole.

Rien n'y manque, en effet : chemin de fer de service dans les bâtiments mêmes ; machines à vapeur mettant chaque chose en mouvement ; clos à meules ; il n'est pas jusqu'au sol qu'on a eu le soin de drainer. C'est dans son ensemble un veritable petit chef-d'œuvre utile. Un plan de cette ferme a été gravé à l'échelle ; il paraîtra dans le *Journal de la Société centrale d'agriculture de Belgique*, cahier de novembre.

Avant d'arriver à M. Bortier, on a dû s'arrêter vers les piliers 35-36 pour examiner les expositions de la Société patriotique d'économie rurale de Prague. Les modèles en petit et en grand de M. Horsky, de la Société impériale d'agriculture de Salzbourg, de la Carinthie, de la Carniole, etc.

Les aratoires autrichiens ont figuré en quantité assez notable aux expériences de Trappes ; MM. Borrosch et Jasper en ont fourni plusieurs. Nous signalerons particulièrement la charrue géométrique de Kleyb, que ces messieurs ont fait placer au sommet du trophée en gradins de la Société impériale de Prague. Elle paraît être bonne, mais elle n'a pas bien réussi à Trappes. Le coutre étant mal ajusté, n'ayant pas son avant-train spécial, n'ayant pas, par conséquent, les moyens convenables de la régler (on ne s'en est aperçu que sur place), elle a essuyé un échec relatif.

La charrue dite de Ruchado, qui est très-estimée en Bohême, à cause de son bon marché surtout, a donné à l'épreuve des résultats déplorables, comme tirage exigé notamment.

Indépendamment de MM. Borrosch et Jasper, bon nombre d'exposants autrichiens avaient fourni des instruments au concours de Trappes. La charrue Felber, qui était très-bien réglée, n'a pas pu être essayée la première fois, pas plus que celle de M. Mezzardi (de Hongrie).

N'ont pas été plus heureux l'excellent bineur et la très-bonne charrue sous-sol de MM. Borrosch et Jasper, non plus que le bisoc de M. Freller.

Quoi qu'il en soit, à part un nombre assez notable (nous ne chercherons pas à le nier) d'instruments autrichiens mal compris, impossibles même, il y a du bon, et pas mal, dans cette section.

Disons, d'ailleurs, d'une manière générale que l'exposition autrichienne de l'annexe est une de celles qui laissent le moins à désirer, grâce au concours intelligent que prête à ses commissaires M. Auguste Bella, fils du vénérable directeur-fondateur de Grignon.

Dans la section prussienne, nous aurions voulu pouvoir signaler avantageusement une charrue qui porte un grand nom, celui de Thaër. Malheureusement, l'essai ne lui a pas été favorable ; elle a fait un travail très-ordinaire, tout en exigeant un tirage assez considérable. Cela pouvait être un bon instrument il y a vingt ans, mais aujourd'hui il ne doit plus appartenir qu'à l'histoire. C'est cette charrue qui fut, en effet, le point de départ de toutes les charrues perfectionnées, à commencer de, et y comprise, celle de l'illustre Dombasle.

Pendant que nous étions dans la section anglaise, il nous a fallu passer sous silence les remarquables vitrines du *board of trade ;* il nous en faut faire autant de celle de la maison Vilmorin. Impossible de songer à parler des produits, même de ceux de l'Algérie, qu'il nous faut traverser pour signaler les choses agricoles qui ont été semées à droite et à gauche de l'arbre de transmission, sans ordre et sans aucune raison d'être là plutôt qu'ailleurs, sous le hangar, par exemple, où quelques-uns, que nous indiquerons, sont revenus depuis.

Que signifiait, en effet, entre les piliers 95 et 96 l'excellente machine à fabriquer les tuyaux de drainage de Schlosser (de Paris)? Elle était digne d'intérêt et de comparaison cependant, bien que ce ne soit qu'une imitation intelligemment entendue du système Clayton placé horizontalement. On a donc bien fait de la ramener dans le jardin.

Nous passons la série des pétrins mécaniques, et ils n'y sont pas tous non plus, pour arriver vers la colonne 126, où se trouvaient encore des machines à fabriquer des tuyaux de drainage qui ont en elles le germe d'améliorations importantes.

L'idée neuve est d'avoir disposé les cylindres de façon à ce que, étant chargés dans la position verticale, ils puissent être présentés au piston horizontalement, et cela grâce à un simple mouvement de bascule. Le cylindre pivote, en effet, autour d'un axe qui le prend dans le milieu de sa longueur. Nous recommandons sérieusement ce système comme étant très-susceptible, avec quelques améliorations de détail, de rendre des services dans la pratique. Ces modèles se trouvent aujourd'hui dans le jardin à côté de la machine Schlosser.

En revenant aux nos 127 et 128 du côté de la Seine, on remarquera encore aujourd'hui des stalles d'écurie véritablement modèles, comme il n'y en a pas ailleurs dans l'Exposition.

Le cheval a là sa barbotière à part, son auge à avoine, un râtelier très-ingénieusement disposé, de telle façon qu'étant *couché* il peut tirer sa paille ou son fourrage.

Il n'est pas jusqu'au sol qui ne soit *drainé* comme nos trottoirs et disposés de manière que les eaux et les urines viennent se réunir dans un réservoir spécial, sans que jamais l'homme ou les animaux en soient incommodés.

Il y a toute une petite exposition agricole dans ce coin-là, où M. Cottam tient une bonne et honorable place. Nulle part ailleurs on ne verra la herse-chaîne pour les petites graines qui s'y trouve, un très bon appareil pour égrener le maïs; le pied-support de meule en fonte, qui à lui seul mériterait un article à part, si on voulait énumérer tous les avantages qui résultent de l'emploi de ce genre de sous-trail, qui met radicalement les grains à l'abri des dégâts des animaux rongeurs.

Un peu plus haut, en revenant, la belle exposition du docteur Guillaume Hamm est restée perdue au milieu des machines. Cependant ses batteuses sont loin d'être sans intérêt; comme ensemble de construction elles ne laissent même rien à désirer.

Bien que M. Hamm ait copié Ransomes, il a modifié assez le système pour avoir droit à des éloges. A l'instar des batteurs américains, de celui de Paige, par exemple, il a armé les battes et les contrebattes de *dents* qui s'enchevêtrent et qui égrènent très-bien l'épi; de plus, son contrebatteur peut s'éloigner ou se rapprocher du batteur à volonté, ce qui est indispensable quand on veut travailler sur plusieurs espèces de récoltes.

Nous ne quitterons pas l'annexe sans nous arrêter près du pilier 74 A, non loin de la fontaine si bien ornée de fleurs métalliques par Leclerc. Là, nous verrons de tout petits godets appelés *graisseurs régulateurs,* exposés par M. Coquatrix, et que nous recommandons à l'attention de toutes les personnes qui se servent de machines.

Veut-on fournir une, deux, quatre gouttes d'huile, plus ou moins, dans un temps déterminé au coussinet d'un organe quelconque? on serre ou on desserre une petite vis intérieure qui porte une rainure sur le côté, et l'huile sort en quantité voulue et toujours égale.

Ces petits godets ont un pied creux qui entre dans les trous par lesquels on graisse habituellement à la burette. Une fois pleins et posés, on sait combien ils doivent y rester de temps sans qu'on ait à s'en occuper. Pour les machines à battre, les tarares, les hache-paille, ces petits godets sont indispensables ; ils sont, d'ailleurs, très-bon marché, ils coûtent 1 fr. 50 c. à 5 fr.

Nous venons de faire une course de plusieurs kilomètres, et cependant nous ne sommes pas encore arrivé à cette partie de l'Exposition que beaucoup de visiteurs considèrent à tort comme étant la seule qui ait un intérêt agricole.

Entrons dans le fameux jardin par le côté du Panorama et visitons l'extérieur. Nous trouvons d'abord la locomobile Calla, qui brave les intempéries du temps. Nous ne pourrons malheureusement pas bien la juger, son propriétaire refusant de dire publiquement ses prix. Est-ce parce qu'il aurait annoncé au concours du Champ-de-Mars de 1854 qu'il exposerait des machines à moins de 800 fr. par cheval et qu'il n'a pu réussir? Ce qu'il y a de certain, c'est qu'à propos de sa petite machine à trois chevaux, que nous avions oublié de mentionner dans l'annexe, son dessinateur nous a assuré qu'à ces prix-là nous serions loin de compte avec les prétentions de son illustre patron. Mais passons.

Nous signalons sans réserve toute la série des puissants instruments de M. Armand Guibal (de Castres), que le succès de sa défonceuse a encouragé. M. Guibal a fait toute une série d'appareils devant lesquels il n'y a plus de terrains impulvérisables. L'essai de sa simple défonceuse qui a été fait à Trappes lui a été très-favorable, comme on devait s'y attendre; cependant, un examen attentif permettrait un reproche, celui de laisser des entre-bas, c'est-à-dire des parties de terre non remuée.

L'Ecole de Grignon avait là aussi une excellente pelle à cheval se déchargeant seule, bien précieuse pour les transports de terre. M. Bella a fait aussi sensiblement améliorer le râteau américain à bascule; disons cependant qu'il n'a pas réussi le 14 à Trappes. Ces deux instruments sont actuellement sous le hangar. Le chef d'atelier de Grignon, M. Grosley (de Semur), a réalisé d'importants perfectionnements dans la construction d'un rouleau brise-mottes, qui est supérieur à tous ceux qu'on a établis jusqu'à ce jour, grâce aux idées pratiques de M. François Bella.

Les lumières des disques étant grandes, le sol est atteint partout. On y perd peut-être en énergie; le tout ne faisant plus corps, chaque disque n'agit que par son propre poids.

Les roues ne quittent plus l'appareil, un simple mouvement de bascule les place soit sur le sol pour le transport, soit en l'air pour le travail. Enfin, et ceci est nouveau, les dentures de chaque disque sont courbées de façon à ce que, si le tirage a lieu dans le sens du croche, il est à son maximum d'intensité; dans le sens opposé il est à son minimum.

Près de là se trouve le manège Pinet, que nous avons déjà mentionné et qui a été acheté par le gouvernement belge. Tous les organes sont *fous*, ils ne se commandent qu'avec une extrême délicatesse et n'exigent que peu de tirage, tout en produisant des vitesses qui pourraient être à volonté multipliées, si, au lieu d'une seule poulie de transmission, on en avait plusieurs de diamètres différents. Si ce manège n'était pas plus encombrant et plus cher que celui de M. Ronot, que nous verrons tout à l'heure, il serait bien plus recherché. Il se place n'importe où, même sur un sol peu uni.

L'infatigable M. Le Docte, encouragé par le succès de son rayonneur-sarcloir-buttoir, etc., pour la culture des racines, a présenté un rustique appareil établi sur les mêmes bases, mais dans un but différent. A l'aide de pièces de rechange faciles à retirer ou à placer, on pourra cultiver le sol, le scarifier, extirper les herbes, l'ameublir, rayonner, etc. Nous le recommandons à l'attention des visiteurs; il est au coin du hangar, près le Cours-la-Reine.

C'est tout à côté que se trouve, sur une petite estrade, l'impayable charrue à pointe de soc mobile de M. Armelin (de Draguignan). C'est à cause de sa supériorité même que nous ne ferons que la citer aujourd'hui, nous réservant d'y revenir en détail en accompagnant notre description d'un dessin.

Entrons maintenant sous le hangar ; de ce même côté, nous allons nous trouver en pleine Belgique. Ici encore, comme en Angleterre et en Autriche, grâce aux soins d'un agent intelligent et actif, il y a de l'ordre et on peut se renseigner.

Les appareils si simples à l'aide desquels on exécute la culture des plantes racines en quinconce d'après le système Le Docte, sont là sur moins de 1 mètre superficiel ; ils se composent d'une brouette, d'un plantoir et de quelques pièces de rechange ; un enfant peut transporter le tout sans fatigue. La presse agricole a si longuement traité ce sujet que nous y renvoyons, au *Moniteur des comices* surtout, qui a consacré plusieurs numéros déjà à ces ingénieuses combinaisons. Il faudrait un article spécial pour donner une idée seulement de leur importance pratique.

L'établissement de Haine-Saint-Pierre justifie en tous points la réputation qu'il s'est acquise ; on remarque particulièrement sa belle machine à battre, disposée à être mise en mouvement par la vapeur ; on ne peut rien désirer de mieux ajusté dans son ensemble. Cette exposition fait le plus grand honneur à M. Hochereau.

Si l'on veut avoir une idée de la bonne opinion que le jury a eue des instruments belges, il n'y a qu'à citer ceux qui ont été dirigés sur Trappes pour les expériences dont nous avons déjà parlé. Ce sont : les charrues de MM. Berckmans, Denis, Duchêne, Meissiaen et de Mulder, Tixhon, van Maële ; l'extirpateur de Delstanche, de Romedenne ; le semoir de M. le baron de Chestret, de Henneffe. Il est vrai que sans l'intervention de M. le baron Mathelin, membre du jury international, ancien élève de Roville, qui a pris courageusement les mancherons de la charrue, ces essais eussent été malheureux ou ajournés. Nonobstant cette circonstance exceptionnelle, trois charrues seulement ont pu être jugées la première fois ; le reste est rentré comme il était sorti, à quelques fractures près. Ces mêmes instruments y sont retournés depuis pour soutenir une lutte dont nous avons été témoin et dans laquelle, nous devons le dire, ils n'ont pas extrêmement brillé.

Les amateurs s'arrêtent beaucoup aussi, et avec raison, devant les instruments de MM. Claes, Odeurs, de Bock, Verbist, etc. Ce n'est qu'avec peine et en se promettant d'y revenir qu'on quitte le carré pour examiner les belles collections de l'établissement d'Hohenheim, en face le petit semoir à 42 fr. de Mœhl, que nous recommandons particulièrement aux amateurs à cause de sa simplicité; il est, en effet, sans engrenages et même sans poulies de transmission.

Entrons en France maintenant par les impayables trieurs de MM. Vachon père et fils (de Lyon), soit pour la culture, soit pour la meunerie; le tarare Vilcoq (de Meaux), digne de sortir des ateliers belges ou anglais; le trieur cylindrique de Pernolet, rude concurrent des premiers dont nous avons parlé très au long, si on se le rappelle, dans notre *Chronique* d'octobre 1854 (1).

A gauche sont les machines à battre des Nantais, de Renaud et Lotz, bien distancé par son concurrent Lotz aîné; Cumning (d'Orléans), qui a primitivement copié Duvoir, ou tout au moins Winter. Il a cependant une petite locomobile à lui qui mérite une mention.

Nous voici bientôt à la machine à battre de Rouot (de Châtillon-sur-Seine), dont le manège est le moins encombrant et le mieux établi que nous connaissions; il est de beaucoup supérieur à celui de Bentall qui lui a servi de modèle. La machine à battre se recommande surtout par un système d'aération supérieur, qui absorbe littéralement toute la poussière. Malgré un grand nombre de perfectionnements importants, cette machine, prête à marcher, ne coûte que 1,800 fr.

Il nous faut signaler encore la moissonneuse Cournier, à laquelle M. Auguste de Gasparin, le frère du célèbre agronome, a fait une réputation qui n'a pas été justifiée à l'épreuve, d'après nous. Elle n'est pas sans mérite cependant; mais tant qu'on voudra employer des sécateurs au lieu de scies à dents disposées comme les tranchants des

(1) Depuis peu, MM. Vachon ont mis à néant le bénéfice de leurs brevets. C'est là une généreuse concession que nous ne pourrions omettre de signaler.

faucilles, nous pensons qu'on ne réussira pas. C'est là un fait jugé par l'expérience de M. Mack-Cormick, le vrai créateur des moissonneuses, qui depuis 1830 a essayé de tous les systèmes et s'est arrêté à celui que nous venons de dire.

Sur la droite se trouvent d'importants appareils se rattachant au drainage : les machines à décharge horizontale ou verticale à volonté de M. Rouiller (de Chelles), la puissante et excellente épuratrice de MM. Clamageran et Roberty (de Sainte-Foy-la-Grande), la délicieuse petite épuratrice circulaire de madame veuve Champion (de Seine-et-Oise).

Nous sommes à côté du petit châlet de M. le marquis de Bryas, qui est une véritable station pour les promeneurs fatigués ou curieux. Le courageux draineur a tenu compte des observations qui lui ont été adressées; il a donné un petit spécimen de tranchées garnies, seulement son point de jonction à tubes coudé laisse encore à désirer.

Quoi qu'il en soit, M. de Bryas est si complaisant dans les renseignements qu'il donne, si libéral dans la distribution de ses brochures ou dans le prêt des ouvrages qui ont traité le sujet, qu'à la fin de l'Exposition, comme il ne quitte pas son poste d'une minute, il aura fait une propagande qui aura porté certainement ses fruits. On doit lui tenir grand compte de cette volonté incomparable, qui est loin d'être commune chez les amateurs de son rang.

Citons, tout à côté, l'important appareil de M. Haussmann pour la conservation des céréales dans le gaz azote. Nous y reviendrons une autre fois.

En poursuivant notre tournée, nous tenons à faire remarquer les fiche-échalas de M. Duguay, mécanicien d'Argenteuil, un des descendants du fameux Duguay-Trouin. Ce modeste petit outil a déjà rendu bien des services aux vignerons; quand il sera connu, on n'en prendra pas d'autres, à cause de l'économie de temps et de la sécurité qu'il présente à l'ouvrier. Comme nous en avons déjà parlé avec quelques détails dans notre *Chronique* de janvier 1855, nous nous bornerons à en donner la figure ici. Nous y ajouterons celle du sécateur, que ce même mécanicien ne vend pas plus cher que les autres, et qui a le précieux avantage de n'avoir plus de ces fragiles ressorts qui se détérioraient si souvent et coûtaient presque le prix d'achat en réparations annuelles. Aujourd'hui, un simple anneau en caoutchouc, agissant sur la petite extrémité d'un levier terminé de l'autre par une roulette, suffit pour donner la main nécessaire, et quand cet anneau est usé, on le remplace par un autre ; c'est une affaire de quelques centimes.

Fiche-échalas de M. Duguay, d'Argenteuil.

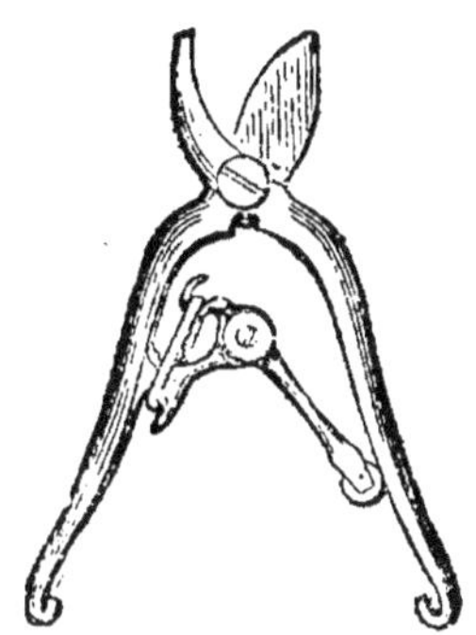

Sécateur à ressort en caoutchouc de M. Duguay, d'Argenteuil.

Toute l'exposition de Grignon est fort remarquable ; rien n'est simple, ingénieux et commode comme le *régulateur* qui est placé en tête de l'age des araires et de tous les instruments qui ont besoin de cet appareil important.

La charrue n° 2, qui a été essayée à Trappes, est celle qui a exigé le moins de tirage après celle de Howard, au dire du dynamomètre anglais. Mais quelle différence de prix ! 45 fr. au lieu de 112 fr. 50 c. ou de 118 fr. 75 c. D'ailleurs, nous le répétons, la pratique est loin d'être ici d'accord avec la théorie. Nous avons la conviction que, si le corps de la charrue de Grignon était un peu plus allongé dans son ensemble, plus *nageant,* comme on dit, elle laisserait peu à désirer. A la fête du 14, à Trappes, elle a fait un labour hors ligne, nous devons l'avouer.

Nous en dirons autant de la charrue Parquin, qui est tout à côté et qui a dû être essayée aussi. Nous ne savons pas au juste quels sont les résultats qui ont été obtenus, ni même si elle a été attelée la première fois, mais nous affirmons qu'il sera difficile de trouver un meilleur instrument, en tant qu'araire, son support ayant encore besoin de quelques améliorations. Si, le 14, son propriétaire n'avait pas tenu à la

BIBLIOTHÈQUE IMPÉRIALE IMPR.

faire marcher au trot des chevaux, elle aurait eu un succès qu'elle n'a pas obtenu à cause de l'excentricité du procédé.

Entre les deux exposants dont nous venons de parler se trouvent les articles envoyés par la colonie agricole de Mettray; nous y avons remarqué avec plaisir les instruments multiples de M. Le Docte, dont on fait un très-grand et un très-bon usage dans cet établissement, qui en fabrique et les livre au besoin en les faisant accompagner d'un élève habitué à s'en servir.

Avant d'arriver à la cabane de M. l'inspecteur Masson (et nous ne le critiquons pas d'être aussi mal logé que les instruments de ses administrés, nous savons que rien n'a été de sa faute), nous ne devons pas oublier le semoir de Saint-Joannis, qui fait beaucoup de bruit. Les inventeurs pensent qu'ils réussiront à prendre *grain par grain* n'importe quelle semence. Il y a là une idée, mais elle est incomplétement mise à exécution. Pour réussir, il leur manque un mouvement de *sas*, qui a été très-bien compris par M. Arnault-Robert, qui s'est déjà fait breveter à ce sujet depuis longtemps. Néanmoins, tel qu'il est, le semoir de MM. Saint-Joannis et Devèze mérite de fixer l'attention.

Presqu'en face se trouve l'excellent petit moulin de M. Bouchon (de la Ferté-sous-Jouarre), qui a été adopté par les armées d'Afrique. Les appareils de ce genre sont nombreux, mais aucun, que nous sachions, n'a encore rendu plus de services que celui-là ; son bas prix le met à la portée de tous (de 200 à 300 fr. complet); aussi est-il déjà dans bien des fermes, et même chez des particuliers un peu éloignés des usines ordinaires.

Nous voici aux *barattes*. Citons tout de suite celle de M. Helouin, qui amène le beurre en trois minutes. A l'aide de petites tiges de baleines, les molécules butyreuses sont pressées partout, et ne peuvent tarder à être écrasées et, par conséquent, débarrassées de leur enveloppe albumineuse qui, on le sait, est la seule cause qui s'oppose à la prise du beurre. Malgré ces ingénieuses dispositions, sur lesquelles nous comptions, ce n'est pas elle qui a le mieux réussi aux expériences du jury ; mais il est vrai de dire qu'on a opéré sur du lait. Dans ces conditions, ce sont les barattes Caters (Belgique), Saiguette, Maylay

(Suisse), et celle du *Bazar des ménages* surtout, qui ont eu le plus de succès.

Chacun veut transformer ses pommes de terre en fécule maintenant, et on fait bien ; on ne peut guère mieux choisir dans ce cas que l'appareil de M. Saint-Etienne, qui transforme en fécule jusqu'à 200 hectolitres de tubercules en une journée de dix heures de travail.

Jusqu'à présent, l'établissement d'une féculerie exigeait beaucoup de place et une assez grande mise de fonds ; actuellement, avec quelques mètres cubes et 1,500 fr. on a tout ce qu'il faut.

L'appareil que M. de Saint-Etienne a exposé n'est pas à l'état d'étude, il fonctionne parfaitement à l'Ecole impériale de Grignon.

Tout près de là, nous recommandons à l'attention le système d'échalassement de la vigne d'après le procédé Collignon (d'Ancy).

Sortons un peu du hangar pour parcourir la partie extérieure du jardin qui se trouve du côté de l'avenue d'Antin et que nous n'avons pas encore visitée : sous les *gouttières* se trouvent rangés bon nombre d'instruments qui sont loin d'être sans mérite.

Rappelons d'abord la herse à couperets de M. Decrombecque, dont nous avons déjà parlé à la fin de notre dernière *Chronique;* plus loin, l'importante machine à extraire la tourbe de Lepreux ; puis les boîtes de voiture de d'Herissard (de Louvres).

Le semoir Jacquet-Robillard (d'Arras), qui se trouve en suivant près la porte qui donne sur le châlet Bryas, est un de ceux dont nous voulions parler plus haut, alors que nous visitions la section anglaise.

Il est rustique au dernier chef. L'inventeur en a déjà vendu un grand nombre. Ses principaux avantages sont de pouvoir s'embrayer et se débrayer à volonté et très-facilement, d'être d'une conduite extrêmement commode, d'une réglementation sûre et très-simple.

Quand on veut changer de semence, les coffres se vident seuls par un mouvement de bascule à charnière ; il y a peu d'engrenage et de transmission ; enfin, le prix est fort abordable, 250 fr.

Nous ne pouvons nous dispenser de jeter encore un coup d'œil sous un petit hangar supplémentaire où sont entassés, c'est le mot, des barattes et divers ustensiles d'*agriculture*. Ceux de M. Debeauvoye, qui s'y faisaient remarquer particulièrement d'abord, ont été transportés avec les produits.

C'est là que se trouvent les innombrables modèles d'un brave agronome plein de bonne volonté et de dévouement, M. Moysen (de Mézières). C'est un vétéran des concours pour lequel on doit bien avoir quelques égards ; malheureusement, ses modèles sont trop réduits pour qu'on puisse bien les juger ; ils sont très-nombreux aussi, eu égard au mérite très-douteux de plusieurs. Cependant, constatons qu'il y a de l'idée dans quelques-uns, et la preuve, c'est que, sans s'en douter, il a imaginé un rouleau tout à fait analogue à celui que M. Guibal a exécuté. Il faut voir là aussi le spécimen du système de M. Coninck pour la conservation des grains.

Passons maintenant à la fameuse machine à battre de M. Duvoir (de Liancourt ; c'est le 848e modèle en grand qui sort de ses ateliers. On ne peut l'accuser de ne pas être exact dans sa déclaration ; une grande pancarte placée à côté porte le nom et l'adresse de toutes les personnes qui ont acheté les 847 machines précédentes. Cela vaut tous les prospectus de France et de Navarre. Depuis, il en est sorti bien d'autres ; M. Duvoir n'en livre pas moins de 40 à 50 par mois. C'est le seul de nos compatriotes qui puisse être comparé aux constructeurs anglais, qu'il surpasse même à tous égards à ce point de vue.

Disons, d'ailleurs, que nous connaissons particulièrement cette machine ; nous affirmons que nous n'en savons pas de meilleure dans le genre, et nous sommes ici l'écho d'un grand nombre de praticiens qui s'en servent.

Ce que cette machine présente de nouveau sur toutes celles qui sont sorties de chez le même constructeur, c'est surtout la disposition de son contre-batteur, qui est mobile par le bout qui correspond au cul de la gerbe et qui se prête tout seul à l'écartement qui serait exigé par une baignée trop forte ou un corps dur, pierre, bois, etc., introduit accidentellement dans le tambour.

Le batteur est tellement léger dans ses mouvements qu'on croirait qu'il ne tient à rien ; il ne fait que se poser en réalité par les deux extrémités de son axe sur des galets qui fuient sans fatigue quand la machine est en marche.

En somme, la batteuse de M. Duvoir est admirablement établie, et ce n'est pas un modèle fait exprès; tout ce qui sort de ses ateliers est semblable. C'est elle qui brise le moins la paille, tout en extrayant merveilleusement le grain des épis.

Malgré le perfectionnement récent apporté au manège à l'aide de plaques de caoutchouc qui amortissent les chocs que peuvent causer les coups de collier des chevaux, nous lui préférons cependant celui de MM. Rouot et Pinet, le premier surtout.

Quoi qu'il en soit, constatons qu'aux expériences qui ont précédé la fête de Trappes du 14, elle a remporté le plus brillant succès. Voici le résumé des résultats les plus essentiels qui ont été établis officiellement :

Les forces employées n'étant pas comparables (2 à 9 chevaux), nous nous bornerons à mentionner quel a été le rendement en grains net pour 100 gerbes. Dans ces conditions, les machines se classent ainsi par ordre de mérite :

1° Duvoir . . . . $431\frac{2}{58}$ litres.
2° Pinet . . . . $416\frac{24}{36}$ —
3° Pitts . . . . $411\frac{20}{180}$ —
4° Clayton-Schuttleword. . . . . $350\frac{6}{117}$ —

Six batteurs au fléau n'ont obtenu que 60 litres de blé en trente minutes, tandis que les plus petites machines à 2 chevaux, celle de M. Pinet en a battu 150 et celle de M. Duvoir 250; celle de M. Clayton-Schuttleworth (6 chevaux vapeur) 410; celle de M. Pitts (8 à 9 chevaux vapeur) 740.

Nous ne pouvons passer à côté du four aérotherme Roland sans le signaler. Le modèle exposé est superbe, il est tout en fer et en fonte. Ces fours à sole tournante ont déjà fait une révolution dans la boulangerie. A Fontainebleau, une usine montée par les propriétaires du brevet, MM. Lesobre, Mesnard et Comp., n'ayant que des pétrins mécaniques et tout ce qu'il y a de plus perfectionné comme accessoires, livre à la consommation du pain excellent et d'une propreté absolue à quelques centimes au-dessous de la taxe.

Nous retrouvons en sortant, après avoir retraversé le hangar, la ligne des charrues françaises qui sont sous l'autre *gouttière,* du côté du Panorama. Les meilleures ne sont pas là, à l'exception toutefois de celles de M. Roquebrune, de M. Bodin (de Rennes), qui ont dû être essayées avec celles de MM. Laurent, Leloup, Decrombecque et Rayet. Les instruments de M. Quentin Durand et quelques autres ont été relégués autour du Panorama de ce côté-ci.

Nous avons beaucoup parlé, avec intention, d'une grande partie des instruments essayés ou ayant été jugés dignes de l'être. Il ne faudrait pas s'y tromper pourtant et croire que ce choix constitue un titre pour chaque exposant désigné.

Sans vouloir en rien critiquer le jury, dont nous n'avons jamais parlé ici qu'avec réserve, il est peu douteux que MM. tels ou tels ont dû jouir de quelque préférence, suivant qu'ils étaient plus ou moins bien avec tels ou tels membres de l'aréopage, dont ceci n'attaque en rien, d'ailleurs, l'impartialité ni l'indépendance.

Essayer n'est pas juger, c'est-à-dire porter un jugement par ce fait seul. Tel peut être complaisant pour faire conduire un instrument sur le champ d'expériences, qui ne le sera pas quand il s'agira de se prononcer.

Quoi qu'il en soit des essais passés et futurs, s'il y en a, il restera certainement une très-grande lacune à combler, et ce sera là l'objet de mille et mille récriminations. On s'est demandé souvent de quel droit M. Howard avait fait mettre sur sa charrue : « *Première au concours d'essai à Trappes.* » Il est impossible que le jury ait permis un tel abus; un succès de dynamomètre n'est pas tout dans une question de charrue. Bien des plaintes se sont déjà élevées à ce sujet, même dans les journaux agricoles.

Quoi qu'il en soit, en attendant la connaissance officielle du jugement qui sera porté bientôt, disons qu'en général le jury a fait des efforts inouïs pour se rendre compte. Il n'a reculé devant aucune difficulté.

Dans un si grand nombre d'objets à examiner, il n'est pas possible qu'il ne s'en trouve pas quelques-uns qui ont peut-être été un peu trop négligés; mais nous connaissons des cas où cela a été la plupart du temps de la faute des exposants, qui ont cru que, une fois arrivés, leurs produits n'avaient plus besoin d'aucun soin, d'aucune surveillance privée. Ç'a été là un tort grave et commun à beaucoup, les renseignements qu'on devait fournir au public ont surtout laissé beaucoup à désirer.

Disons-le cependant, malgré toutes les critiques de détails que nous avons dû faire, il ressortira de cette Exposition de bien grands enseignements pour l'avenir, et, si nous ne nous trompons, c'est même l'agriculture qui est appelée à en retirer le plus de profit.

BIBLIOTHÈQUE IMPÉRIALE IMPR.

Paris. — Typographie de E. et V. PENAUD FRÈRES, 10, rue du Faubourg-Montmartre.

www.ingramcontent.com/pod-product-compliance
Lightning Source LLC
LaVergne TN
LVHW050630060726
842527LV00004B/1252